Jürg Alean | Michael Hambrey

Gletscher der Welt

Haupt
NATUR

Jürg Alean | Michael Hambrey

Gletscher der Welt

Haupt Verlag

1

Eisplanet Erde

Vorhergehende Doppelseite: Aus dem weitläufigen Harding Icefield auf der Seward-Halbinsel von Alaska ragen einzelne eisfreie Felsinseln, sogenannte «Nunatakker», hervor. Gegen zehn Prozent der Landoberfläche der Erde liegen unter Gletschereis.

Von der Stirn des Kongsbreen in Spitzbergen brechen immer wieder Eisberge ab und driften in den Kongsfjord hinaus. Küstenseeschwalben nutzen sie als Rastplatz.

Die Raumsonde Galileo nahm aus großer Entfernung dieses Bild der Erde auf. Rechts erkennt man den mehrheitlich braun gefärbten Kontinent Australien; links unten ist als kompakte weiße Fläche der fast vollständig vergletscherte Kontinent Antarktika zu sehen.

Verteilung der vergletscherten Flächen auf der Erde. Außer bei Grönland und der Antarktis sind die Gletscher allerdings zu klein, um maßstabsgetreu abgebildet zu werden. Die weißen Punkte sind lediglich Symbole für vergletscherte Gebiete ohne Bezug zur Ausdehnung der jeweiligen Eisflächen.

Gletscher in Raum und Zeit

Rund ein Zehntel der Landoberfläche unseres Planeten ist heute eisbedeckt. Dies sind 15 Millionen Quadratkilometer oder das 1,5-Fache der Fläche Europas. Den Löwenanteil daran haben die riesigen Eisschilde in der Antarktis und in Grönland. Stark vergletschert sind auch Inselgruppen in der kanadischen Arktis, Spitzbergen und Inseln nördlich von Sibirien. Außerhalb der Polargebiete befinden sich die größten Gletscherflächen in Alaska und im Westen Kanadas, in Island, den asiatischen Hochgebirgen sowie in Patagonien. Gletscher gibt es selbst in den Tropen, darunter auch recht ausgedehnte in den peruanischen Anden. Winzig sind hingegen die Gletscher Afrikas auf dem Kilimandscharo, dem Mount Kenya und dem Ruwenzori-Massiv. Bald verschwinden werden auch diejenigen im Sudirman-Gebirge in Neuguinea.

Auch wenn es vor dem Hintergrund der derzeit weltweit steigenden Temperaturen paradox erscheint – wir leben in einer vergleichsweise kühlen Phase der Erdgeschichte. Das Klima im **Mesozoikum**, dem Erdmittelalter (vor etwa 250–65 Millionen Jahren), war nahezu 200 Millionen Jahre lang tropisch, und zwar auch in den mittleren geografischen Breiten. Gletscher gab es damals wohl nirgends. Erst im Verlauf des **Neozoikums**, der Erdneuzeit (vor etwa 65 Millionen Jahren bis heute), setzte eine markante Abkühlung ein. Vor 34 Millionen Jahren erreichten in der Antarktis die ersten Gletscher die Meeresküsten. Seit rund 2,5 Millionen Jahren wechseln sich besonders kalte und etwas mildere Phasen ab. Wir nennen diese letzte Phase der Erdgeschichte das **Quartär** oder **Eiszeitalter**. In dessen kältesten Phasen, den sogenannten

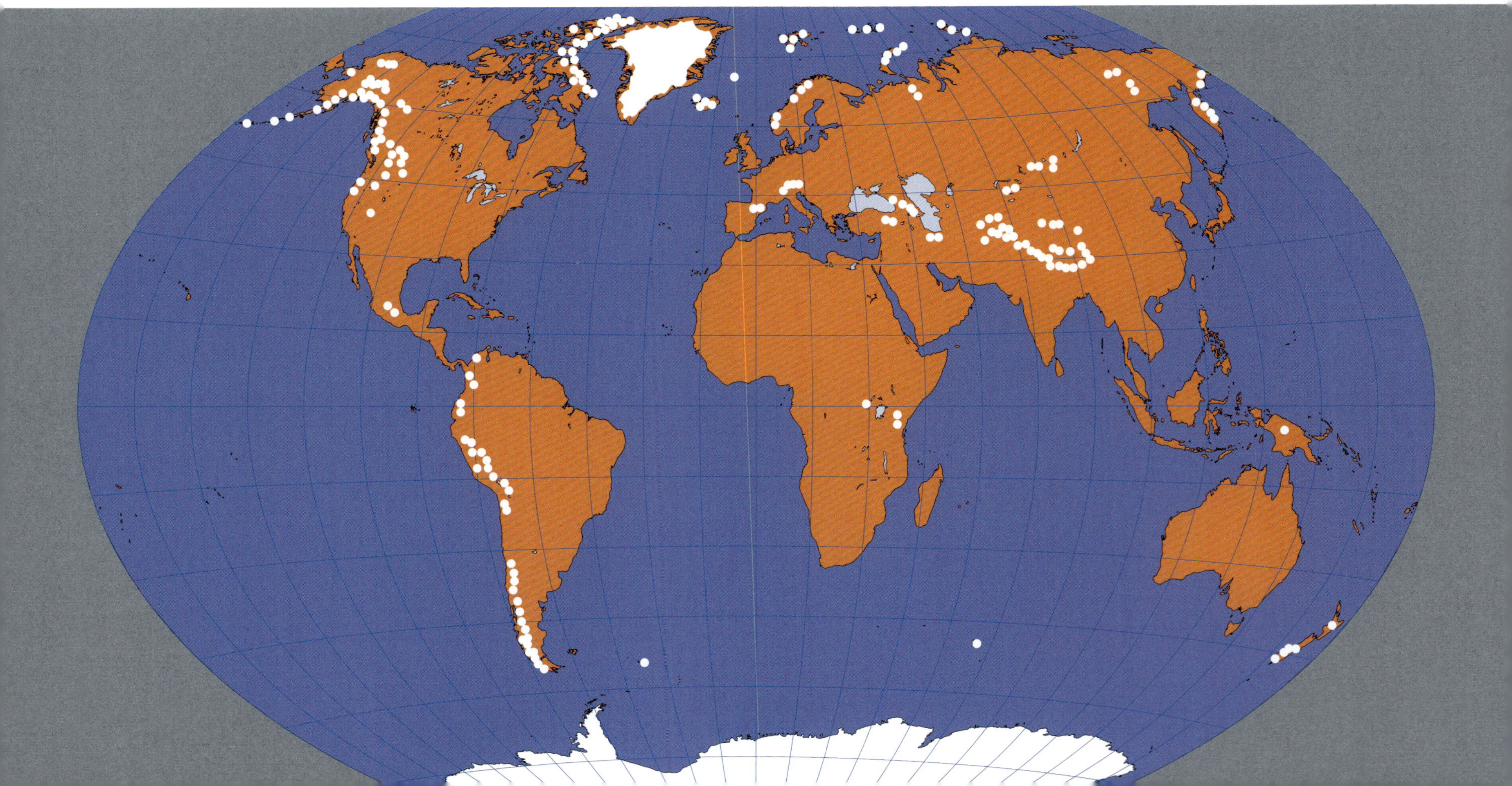

Eiszeiten, breiteten sich die Gletscher über weitaus größere Gebiete aus als heute und bedeckten beinahe ein Drittel der Landoberfläche der Erde (vgl. Kapitel 3).

Vor rund 20 000 Jahren erreichten die Gletscher letztmals eine sehr große Ausdehnung. Sie hinterließen Spuren auch weit ab von den Gebirgen, zum Beispiel auf den Britischen Inseln oder im Norden der Vereinigten Staaten. Die Großen Seen zwischen den USA und Kanada verdanken ihre Existenz gewaltigen Gletscherzungen, welche das Gelände vertieft und nach ihrem Rückgang Endmoränen hinterlassen hatten. Auf die Wirkung der eiszeitlichen Gletscher gehen auch die Fjordlandschaften Norwegens, Chiles und Neuseelands zurück.

Auch viel früher in der Erdgeschichte gab es Eiszeiten: während des **Paläozoikums**, des Erdaltertums (vor etwa 540–251 Millionen Jahren). Ihre Spuren finden sich unter anderem in Australien, im Südteil Indiens und sogar in der Sahara-Wüste. Diese scheinbar paradoxe geografische Verteilung wird verständlich, wenn man berücksichtigt, dass sich die Lage der Kontinente im Lauf der Zeit stark verändert hat. Regionen, die heute in den Subtropen oder Tropen liegen, befanden sich einstmals in der Nähe der Pole. Einzelne der weit zurückliegenden Vereisungen unseres Planeten könnten sogar noch erheblich stärker gewesen sein als diejenigen des aktuellen Eiszeitalters. Einige Forscher haben die kontroverse Hypothese aufgestellt, dass die Erde phasenweise fast vollständig von einem globalen Eispanzer umschlossen war. Ihrer Meinung nach gab es mindestens zwei als **Snowball Earth** (Schneeball-Erde) bezeichnete Phasen vor rund 600 bis 700 Millionen Jahren (vgl. Kapitel 5).

Von einem Schelfeis in der Antarktis hat sich ein Tafeleisberg gelöst und treibt zusammen mit Meereis vor der Antarktischen Halbinsel.

Nach der Eruption von 1980 entstanden im Krater des Mount St. Helens (USA) zwei neue Gletscher. Ihre beiden Zungen sind von zahlreichen Spalten durchzogen und von dunkler Vulkanasche bedeckt.

Linke Seite oben: In einer Eishöhle unter dem Grossen Aletschgletscher (Schweiz) lässt sich das Gleiten über den Felsuntergrund studieren. Das Eis hat von rechts kommend ein Hindernis überwunden und vor dem Betrachter einen Hohlraum frei gelassen.

Linke Seite unten: Ein Gletscherschliff unterhalb des Grossen Aletschgletschers (Schweiz) zeigt die Erosionswirkung des Eises und der darin eingeschlossenen Gesteinstrümmer. Diese haben Schrammen in der Felsoberfläche hinterlassen.

Ein Schmelzwasserbach fließt auf dem Fornogletscher (Schweiz) an einem Gletschertisch vorbei und stürzt tosend in eine Gletschermühle.

einem Vorland ausbreitet. Gletscherspalten können gewisse Zonen völlig unpassierbar machen oder zumindest das Fortkommen stark behindern. Gefährlich sind sie besonders dann, wenn sie unter Schnee verborgen sind. Dies ist der Fall, nachdem im Winter Treibschnee über eine Spalte verfrachtet wurde. Dabei entsteht eine **Schneebrücke**. Auch wenn sich verborgene Spalten im besten Fall durch leichte Einsenkungen verraten, so gehört doch viel Erfahrung dazu, sie zu erahnen. Jedenfalls zwingen sie bei Gletschermärschen zur gegenseitigen Seilsicherung.

Nützliche, gefährliche und «neue» Gletscher

Gletscher sind in hohen und mittleren geografischen Breiten, vereinzelt auch in den Subtropen und Tropen, ein wichtiger Bestandteil des Wasserkreislaufs. Sie haben für die Menschen vielerlei Nutzen, bergen aber auch Gefahren. Gletscher gehören zu den wertvollsten Reserven an sauberem Trinkwasser und an Bewässerungswasser für Kulturland. Ihr Schmelzwasser treibt Turbinen zur Stromproduktion an, auch bei trockener und warmer Witterung. Gletscher verleihen dem Hochgebirge den besonderen Reiz der in der Sommersonne gleißenden Gipfel; sie sind ein fester Bestandteil der touristischen Attraktivität des Himalajas und der Anden, der neuseeländischen wie auch der europäischen Alpen.

Gletscher können aber auch Tod und Verderben bringen. Eisabbrüche haben in dicht besiedelten Bergregionen ganze Dörfer und Städte ausgelöscht. Besonders weit reichen die Verwüstungen, wenn von Eis oder Moränen gestaute Seen ausbrechen. Ausbrüche von unter Gletschern liegenden Vulkanen sind gefürchtet, weil sie besonders große Gletscherhochwasser verursachen. Die Erinnerung an Gletschervorstöße, die einst Weideland oder gar Siedlungen überfuhren, lebt in Sagen und Erzählungen der Bergbevölkerung weiter. Heute sind es

Durch Spalten und Gletschermühlen gelangt das Schmelzwasser bis zu seinem Bett. Hier ergießt sich ein kleiner Wasserfall in eine Eishöhle unter dem Grossen Aletschgletscher in den Berner Alpen (Schweiz).

2

Island

Vorhergehende Doppelseite: Während einer hellen Sommernacht treiben im Jökulsárlón, dem größten Gletschersee am Rand des Vatnajökull, unzählige Eisberge. Manche sind von vulkanischer Asche schwarz gefärbt.

Vom mächtigen Vulkankomplex des Öræfajökull fließt der Svinafellsjökull durch ein tiefes Gletschertal abwärts. Im Eisfall links hinten entstehen Ogiven, deren Musterung etwa die jährliche Eisbewegung des Gletschers anzeigt.

Vulkaneruptionen unter Gletschern

Die subglaziale Eruption des Vulkans Eyjafjallajökull hat die Eiskappe durchschlagen und schleudert dichte Aschewolken himmelwärts. Elektrostatische Effekte in der aufsteigenden Asche verursachen heftige Blitzentladungen.

Island bricht buchstäblich auseinander: Die Insel befindet sich genau auf dem Mittelatlantischen Rücken, entlang dessen die nordamerikanische und die eurasiatische Lithosphärenplatten mit etwas über zwei Zentimetern pro Jahr auseinanderdriften. Ein vulkanischer Hotspot unter Island sorgt für besonders viel Magmazufuhr aus dem tiefen Erdmantel. Infolgedessen reißen zwar immer wieder Spalten im Gestein auf, doch werden diese Lücken stets durch neu austretende Lava gefüllt. Westisland driftet nach Westen, Ostisland nach Osten.

Die aktive Vulkanzone durchquert Nordostisland zunächst in Nord-Süd-Richtung, um dann nach Südwesten umzubiegen, wo sie sich in zwei Äste verzweigt, die in Südwestisland wieder in den Atlantik hinauslaufen. Mit Ausnahme des Drangajökull liegen alle großen Eiskappen Islands ganz oder teilweise auf dieser Zone und überdecken mehrere aktive Vulkankomplexe.

Gleich mehrere Eruptionszentren befinden sich unter dem Vatnajökull. Immer wieder wurden bei ihren Ausbrüchen kolossale Gletschereismengen geschmolzen. In der Folge kam es jeweils zu gewaltigen Hochwassern. Man nennt diese in Island «jökulhlaup», was mit «Gletscherlauf» übersetzt werden kann.

Einer der bestuntersuchten Gletscherläufe brach aus dem Skeiðarárjökull, einem Auslassgletscher des Vatnajökull, hervor und ergoss sich am 5. November 1996 über den Skeiðarársandur. Die Abflussspitze betrug 40 000 bis 50 000 Kubikmeter pro Sekunde, was ungefähr der zwanzigfachen Wasserführung des Rheins in seinem Mündungsgebiet in die Nordsee entspricht. Tausende Tonnen schwere Eisblöcke wurden von der Zunge des Skeiðarárjökull abgerissen und von der Flut mitgetragen. An Brücken und Dämmen der isländischen Ringstraße entstanden Millionenschäden. Innerhalb von nur vierzig Stunden entleerte sich ein subglaziales Wasserreservoir von mehr als drei Kubikkilometern Volumen im Gebiet der Grimsvötn-Caldera. Dieses Reservoir hatte sich in den Wochen zuvor aufgefüllt, weil seit dem 30. September an der einige Kilometer langen Eruptionsspalte Gjálp ein Ausbruch im Gang war.

Blick aus einem Helikopter in den ausbrechenden Krater des Eyjafjallajökull. Links unten erkennt man Impakte von Bomben in den Firn des Gletschers. Rechts und hinten ist die Gletscheroberfläche von Asche bedeckt.

Der nach Norden von der Eiskappe des Eyjafjallajökull herunterfließende Auslassgletscher Gigjökull kalbt in einen Endmoränensee. Auf der Gletscherzunge liegen schwarze Ablagerungen vulkanischer Asche (Aufnahme 1975).

Der stark geschwundene Gigjökull im Juni 2011, ein Jahr nach dem großen Ausbruch des Vulkans Eyjafjallajökull. Beachte die beiden tief eingeschnittenen Schmelzwasserkanäle in der Bildmitte, durch welche die Lahare während der Eruption herunterstürzten.

In dieser Flugaufnahme vom 14. April 2010 erkennt man Spuren der soeben niedergegangen Gletscherhochwasser als Folge der subglazialen Eruption des Vulkans Eyjafjallajökull, unter anderem hoch über dem Seeufer gestrandete Eistrümmer.

Charakteristische Ablationskegel mit dunkler Vulkanasche auf der Zunge des Gigjökull (1975). Im Hintergrund erkennt man die mächtige Endmoräne, welche den Gletschersee staut.

Neuzeitliche Gletscherschwankungen

Besonders leicht zugänglich ist die Zunge des Nigårdsbreen im Jostedalen auf der Südostseite des Jostedalsbreen. Sie ist eine der touristischen Hauptattraktionen der Region. Im 18. Jahrhundert stieß die Zunge als Folge der Abkühlung während der Kleinen Eiszeit kräftig vor. Allein von 1710 bis 1735 betrug der Vorstoß 2800 Meter. Große Teile der Acker- und Weideflächen des Hofes Nigård wurden zerstört. Von 1735 bis 1742 verharrte die Zunge etwa am gleichen Ort, allerdings nur rund hundert Meter von den Häusern entfernt. Was nach 1742 geschah, berichtet der Pfarrer Mathis Foss, der damals in Jostedalen wirkte: «Im Jahre 1743 hatte sich der Gletscher nicht nur 100 Ellen in die Länge geschoben, sondern auch unermesslich in die Breite, dabei die Häuser fortgerissen, sie umgestürzt und vor sich her gewälzt mit einer unermesslichen Menge Erde, Kies und Steinen vom Abgrunde und sie in ganz kleine Stücke zermalmt, die noch zu sehen sind.»

Im Verlauf des 19. und 20. Jahrhunderts ging die Zunge schrittweise zurück. Dabei hinterließ sie eine ganze Serie von **Endmoränen**, also wallförmigen Anhäufungen von Gesteins-

Ein Wanderer gerät in Schwierigkeiten, als unvermittelt eine große Wassermenge unter der Zunge des Nigårdsbreen hervorbricht und ihm den Rückweg auf sicheres Gelände abschneidet.

Auf dem «Fjell» Westnorwegens befinden sich heute mehrheitlich nur noch kleine Gletscher, während in den Eiszeiten gewaltige Eisströme durch die tiefen Trogtäler ins Meer geflossen sind.

der nächsten hundert Jahre so warm werden könnte, wie es in den letzten paar Jahrmillionen niemals der Fall gewesen ist! Einige Forscher vermuten gar, dass wir am Beginn einer neuen geologischen Epoche stehen, dem sogenannten **Anthropozän**, in welchem die Menschheit das Weltklima signifikant verändert.

Zurück nach Skandinavien: Hier bildeten sich im Gebirge zu Beginn der Kaltzeiten zunächst Eiskappen. Diese wuchsen mit der Zeit immer mehr, verschmolzen miteinander und dehnten sich über Hunderte von Kilometern aus, bis kaum mehr eisfreies Land übrig blieb (Bild S. 59). Der so entstandene **Fennoskandische Eisschild** hatte eine maximale Dicke von über 3000 Metern. Auf der Westseite, im Bereich des heutigen Westnorwegen, war das Gefälle am größten; zudem wurden die Eismassen in Atlantiknähe von stärkeren Schneefällen genährt als im kontinentalen Innern Nordeuropas. So entwickelten die zum Nordatlantik abfließenden Eisströme die stärkste Dynamik. Die Gletscher wälzten sich durch bereits bestehende Flusstäler, vertieften diese und weiteten sie seitlich aus. So entstanden charakteristische **Trogtäler**, manche mit beinahe senkrechten Felswänden zu beiden Seiten.

Nach dem Rückgang des Eises drang Meerwasser in diejenigen Tröge ein, die bis unter das Meeresniveau vertieft worden waren. Das Ergebnis davon sind die heutigen **Fjorde**. Der längste und tiefste ist der Sognefjord, der über 200 Kilometer ins Land hineinreicht und bis zu 1308 Meter tief ist.

Ein Netzwerk von Fjorden und unzählige Schären bilden entlang der Westküste Norwegens ein wahres Labyrinth von Wasserstraßen, durch das sich die norwegischen Postschiffe, die Hurtigruten-Schiffe, jahrein, jahraus, nord- und südwärts fahrend, einen Weg bahnen. Selten ist das Schiff auf offenem Meer – zur Seekrankheit neigende Reisende schätzen dies besonders – und mehrmals passiert es enge und heikle Passagen, in denen beidseits des Schiffsrumpfs nur wenige Dutzend Meter Freiraum bleiben. Nützlich sind die verzweigten und verwinkelten Fjorde seit Menschengedenken auch für die norwegischen Fischer, die hier natürliche, vor den Atlantikstürmen geschützte Häfen vorfanden. Die malerischen Fischerdörfer mir ihren oft rot gestrichenen Häusern, den sogenannten Rorbuer, haben in den letzten Jahrzehnten einen Strukturwandel durchlaufen. Während die Küstenfischerei immer mehr in den Hintergrund getreten ist, hat sich der Fremdenverkehr zur Haupteinnahmequelle entwickelt. Die spektakuläre Szenerie, zum Beispiel auf den Lofoten, lädt ein zum Bergsteigen, Wandern und zu Bootsausflügen. Mit allem modernen Komfort ausgestatteten Rorbuer eignen sich besonders als stimmungsvolle, wenn auch nicht eben billige, Unterkünfte.

Die norwegischen Fjorde entwickelten sich während mehrerer Vergletscherungsphasen. Am Rand des Norwegischen Kontinentalschelfs wurden im Zusammenhang mit der Erdöl- und

Viele der zahllosen Inseln vor der westnorwegischen Küste wurden durch eiszeitliche Gletscher stromlinienförmig geschliffen. Das Eis floss in diesem Fall von rechts nach links zum offenen Atlantik hin.

Im Sommer befahren die Postschiffe der Hurtigruten auch den hintersten Winkel des Geirangerfjords, der durch die Erosionswirkung eiszeitlicher Gletscher entstanden ist.

Erdgasexploration eine Vielzahl seismischer Untersuchungen und Probebohrungen durchgeführt. Aufgrund der glazialen Sedimentablagerungen konnte das wiederholte Entstehen und Verschwinden des Fennoskandischen Eisschilds während der Glazial-Stadial-Zyklen rekonstruiert werden. Im Süden rückte das Eis während der Kaltzeiten jeweils über Dänemark bis weit nach Mitteldeutschland vor, unter anderem über Berlin bis in die Region von Erfurt und Dresden. Nach dem Rückgang des Eises blieben Seenlandschaften wie im polnischen Masuren, Endmoränenablagerungen und Findlinge zurück (Bild S. 65).

Während der kältesten Phasen der Glaziale erstreckte sich der Eisschild auch über die heutige Nordsee und vereinigte sich mit einem kleineren, der sich über den gesamten Nordteil der Britischen Inseln ausgebreitet hatte (vgl. Themenkasten S. 68–71). Allerdings waren die geografischen Verhältnisse damals ganz anders als heute: Der Meeresspiegel lag nämlich um bis zu 120 Meter tiefer. Weil sich das Volumen der Gletscher auf dem Festland massiv vergrößert hatte, «fehlte» den Ozeanen die entsprechende Wassermenge. Eine Folge davon war, dass ein Großteil der Nordsee sowie der Ärmelkanal, abgesehen von einigen größeren Süßwasserseen, trocken lagen. Großbritannien und Irland waren damals also keine Inseln, sondern Teile des europäischen Festlands.

Zahlreiche kleine Fjorde bieten den Lofoten-Fischern seit Menschengedenken sturmsichere Häfen, wie hier in der malerischen Ortschaft Nusfjord.

«Die sieben Schwestern» sind die bekanntesten Wasserfälle im Geirangerfjord. Über 300 Meter tief stürzt das Wasser über die für glaziale Trogtäler typische Steilstufe.

Satellitenbild der norwegischen Küstenregion beim Melfjorden (Bildmitte). Rechts oben erkennt man einen Teil der Eiskappe Svartisen. Bildbreite von West nach Ost: siebzig Kilometer; Norden ist oben.

Exemplarisch schöne Sichelbrüche
und Gletscherschliffe
am Ostufer des engen Raftsunds,
über den die markanten
Gipfel der Trolltindan aufragen.

Isostasie – Senkung und Hebung des Landes

Die kaltzeitliche Eisbedeckung Nordeuropas führte nicht nur zur charakteristischen Ausprägung des Landschaftsbilds, sondern hatte eine weitere signifikante Auswirkung: Durch das zusätzliche Gewicht des Fennoskandischen Eisschilds wurde die **Lithosphäre**, die rund 200 Kilometer dicke äußerste, starre Schicht des Erdkörpers, nach unten in die leichter verformbare **Asthenosphäre** gedrückt. Die stärkste Absenkung des Gesteinsuntergrunds erfolgte im Raum Mittelschwedens und des Bottnischen Meerbusens, des nördlichen Ausläufers der Ostsee. Am Ende der letzten Kaltzeit lagen große Teile Schwedens mehr als 300 Meter tiefer als heute.

Allerdings lässt sich das Innere der Erde nicht wie ein Schwamm zusammendrücken. Das nach unten verdrängte Material der Lithosphäre wich deshalb seitwärts aus und hob die Gebiete rund um den schweren Eisschild etwas an. Die Gesamtheit dieser sich gegenseitig

Abgerundete Steine mehrere Meter über der aktuellen Küstenlinie der Lofoten-Insel Vestvågøya zeigen an, dass hier eine nacheiszeitliche Landhebung stattgefunden hat.

Ein fünfzig Tonnen schwerer Erratiker aus Skandinavien in Berlin-Dahlem musste 1912 beim Bau der U-Bahn verschoben werden. Ein Versuch mit zwölf Zugochsen misslang. Mit Seilwinden benötigte man schließlich 14 Tage, um ihn vierzig Meter weit zu verschieben.

4

Spitzbergen

Vorhergehende Doppelseite: Eine Kalbung am Kongsvegen hat Eismöwen aufgeschreckt. Die Gewässer vor den Gletschern Svalbards sind nährstoffreich und ziehen deshalb marine Lebewesen, und als Folge davon, Möwen an.

Klassischer Blick von der Forschungsstation Ny-Ålesund auf die Kalbungsfront des Kongsvegen. Dahinter erheben sich Berge von James I Land. Ihre stark gefalteten Sedimentgesteine belegen die bewegte geologische Geschichte der Inselgruppe.

Die Siedlung Ny-Ålesund ist ganzjährig bewohnt: Etwa 30 Personen überwintern; im Sommer steigt die «Einwohnerzahl» auf bis zu 150 an, wenn sich Wissenschaftler aus aller Welt zu Forschungszwecken einfinden.

Arktische Landschaft

Rund sechzig Prozent von Spitzbergen sind vergletschert, zehn Prozent von spärlicher Tundravegetation überzogen, und die restlichen dreißig Prozent bilden Fels und Gesteinsschutt. Obwohl sich die höchsten Berge auf der Hauptinsel Spitzbergen befinden – der Newtontoppen ist mit 1717 Metern der höchste Gipfel –, nehmen die Anteile der vergletscherten Flächen nach Osten und Nordosten hin infolge tieferer Temperaturen immer mehr zu. Nordaustlandet, die zweitgrößte Insel, wird von zwei ausgedehnten Eiskappen dominiert (vgl. Bild S. 76). Auf Kvitøya – sinnigerweise bedeutet dies «weiße Insel» – ist nur noch ein Prozent des Geländes eisfrei.

Während des Anflugs auf der Strecke von Tromsø nach Longyearbyen kann man bei günstigen Wetterverhältnissen die eindrückliche Gebirgslandschaft Südspitzbergens überblicken (Bild S. 77): Zahllose Talgletscher strömen aus dem zentralen Hochland zur Küste, wo viele von ihnen in die Barentssee münden und Eisberge kalben. Ihre Akkumulationszonen sind über eisbedeckte Gebirgspässe miteinander verbunden, sodass sich manchmal einzelne Gletscher nur schwer voneinander abgrenzen lassen. Man spricht in diesem Fall von einem **Eisstromnetz**. Ein solches hatte sich im Lauf der Eiszeiten auch immer wieder über den Alpen gebildet. Vor etwa 12000 Jahren

formte sich ein vergleichbares Eisstromnetz über dem Westteil Schottlands. Es war die letzte Phase eines größeren Gletscherwachstums auf den Britischen Inseln (vgl. S. 68–71). Auch die Alpen und die Hochgebirge im Westen Nordamerikas waren ähnlich vergletschert. Die Landschaft unter dem Flugzeug gleicht somit weitgehend derjenigen der Gebirgsregionen in den gemäßigten Breiten während der Endphase der letzten Eiszeit.

Von Norden und Westen her greifen mehrere Fjorde tief in die zerklüftete Insel hinein. Die beiden größten sind Wijdefjorden und Isfjorden, beide über hundert Kilometer lang. An einem kleinen Seitenarm des Letzteren, dem Adventfjorden, liegt gut von umliegenden Plateaubergen geschützt Longyearbyen. In der näheren Umgebung gibt es Kohleflöze, deshalb wurde hier bereits 1906 die erste dauerhafte Grubensiedlung gegründet. Besonders für Norwegen war der Abbau von erheblicher Bedeutung, da es auf dem norwegischen Festland keine Kohlelagerstätten gab. Der Spitzbergenvertrag erlaubte auch anderen Staaten den Kohleabbau. In Barentsburg und Pyramiden förderten russische Firmen Kohle. Die größte Zahl von Gruben gab es stets in Longyearbyen und dessen Umgebung. Heute sind dort aber aus Gründen mangelnder Rentabilität alle bis auf eine geschlossen. Produziert wird nur noch in der sogenannten Grube 7, die etwa zehn Kilometer südöstlich von Longyearbyen liegt. Die abgebaute Kohle wird zu etwa einem Drittel im kleinen thermischen Kraftwerk verwendet, das die Ortschaft mit Strom versorgt. Der Rest wird verschifft.

Links: Historischer Ankermast für Luftschiffe: Von hier aus starteten mehrere Arktisexpeditionen, darunter diejenigen von Roald Amundsen und Lincoln Ellsworths mit dem Luftschiff Norge sowie von Umberto Nobile mit dem Luftschiff Italia.

Rechts: Ein Anzeichen für milde, aus dem Süden herangeführte Meeresströmungen ist dieser am Ufer des Kongsfjord angeschwemmte Baumstamm.

Permafrost unter dem kleinen Gletscher Midtre Lovénbreen. Der subglaziale Schmelzwasserbach hat sich tief in die dauernd gefrorene Grundmoräne hinein erodiert.

Gletscher und Fjorde

Zu den wirklich mächtigen Gletschern am Kongsfjord gelangt man nicht zu Fuß, zu groß sind die Distanzen und Dimensionen. Wir erreichen sie mit Hartschalen- und Schlauchbooten, sicher gesteuert von unserem Führer Alain. Stoische Ruhe und Geduld legt er an den Tag, während wir stundenlang mit GPS-Empfänger und Kamera hantieren und über Moränen und Gletscherzungen kraxeln. Er ist für unseren Schutz verantwortlich und trägt stets ein Gewehr für den Fall, dass wir einem Eisbären begegnen. Die meisten Eisbären sind zwar im Sommer weiter nördlich auf dem Packeis auf Robbenjagd, doch ältere und schwächere Tiere bleiben an Land zurück. Sie sind besonders gefährlich, weil sie hungern. Eisbären sind auf norwegischem Territorium streng geschützt und dürfen nur in Notwehr geschossen werden. Bei einer Begegnung würden wir zunächst versuchen, das Tier mit Petarden oder Warnschüssen zu vertreiben. Bis zum Ende der Expedition sehen wir kein einziges Exemplar – zum Glück oder leider, die Gefühle sind ambivalent.

Permafrost zwingt hier einen subglazialen Wasserlauf an die Gletscheroberfläche. Das Schmelzwasser ist von rötlichem Sandstein aus dem Karbonzeitalter auffällig gefärbt.

Gletscherstände lassen sich heute effizient und genau mit GPS messen.

Bei Feldarbeiten in der Umgebung von Ny-Ålesund leisten kleine Boote gute Dienste. Aus Sicherheitsgründen trägt man unterwegs Trockenanzüge. Sie schützen auch gut gegen den kalten Fahrtwind.

In Nordamerika sind Surges in Alaska, Yukon und British Columbia bekannt. In der Arktis treten sie in Ostgrönland, auf den Inseln Ellesmere und Axel Heiberg sowie in Spitzbergen auf. Besonders viele Surge-Gletscher finden sich auch in Island. In Asien wurde das Phänomen im Pamir, Karakorum, Tienschan und im Kaukasus beobachtet. Vereinzelt gab es Surges in den südlichen Anden. In den Alpen ereigneten sich Surges ausschließlich am Vernagtferner während des 18. und 19. Jahrhunderts. Seine Zunge schmolz im 20. Jahrhundert aber weitgehend ab, sodass heute dort keine Surges mehr stattfinden können.

Die gängige Ansicht unter den Fachleuten ist gegenwärtig, dass Temperaturveränderungen im Innern des Gletschers eine Surge-Phase auslösen. Wie bereits erwähnt, sind die Gletscher Spitzbergens polythermal, das heißt, sie sind teilweise, allerdings nicht vollständig, am Gletscherbett angefroren. Wird der Gletscher im Akkumulationsgebiet dicker, verstärken sich die Schmelzprozesse an seiner Basis. Die Sedimente unter dem Eis werden feuchter und lassen sich leichter verformen. Die Eisbewegung beschleunigt sich, bis sich ein dicker Wulst aus schneller fließendem Eis, die **Surge-Front**, gletscherabwärts bewegt. Sie pflügt sich in das weiter unten liegende, am Bett noch angefrorene Eis, das nun zusammengestaucht wird. Hinter der Surge-Front wird das Eis gedehnt, wodurch ein völlig chaotisches Spaltenmuster entsteht. Bei einem Surge nimmt die Eisgeschwindigkeit von einigen Metern pro Jahr auf mehrere Hundert Meter pro Jahr zu. Falls die Surge-Front die Gletscherstirn erreicht, kann diese zudem um mehrere Kilometer vorstoßen. Ein derartiger Vorstoß hat nichts mit Klimaveränderungen zu tun, sondern lediglich mit mechanischen Instabilitäten am Gletscherbett.

Vor unserer Expedition im Sommer 2009 hatte uns die Nachricht erreicht, im April des Vorjahres habe am Comfortlessbreen nahe bei Ny-Ålesund ein Surge begonnen (vgl. Bilder S. 94–95). Beim Anflug machte der Pilot bereitwillig einen kleinen Umweg, damit wir einen ersten Augenschein aus der Luft nehmen konnten. Tatsächlich waren unzählige Spalten zu erkennen, wo es früher überhaupt keine gegeben hatte.

Es scheint, als habe der Surge bereits zwischen 2002 und 2004 begonnen, weil in dieser Zeit die Gletscherstirn um etwa hundert Meter vorgestoßen war. Bis 2009 betrug der Vorstoß allerdings weitaus mehr, nämlich 500 bis 700 Meter – bei einem Gletscher mit nur 15 Kilometern Länge ein beachtlicher Wert! Bei unserem Besuch war die Gletscherzunge tatzenförmig aufgewölbt und schob wie ein gigantischer Bulldozer Moränenmaterial und Meeressedimente vor sich her bis in den Fjord.

Der Kontrast zu einem früheren Besuch im Jahr 1992 war dramatisch. Die Gletscherstirn war damals nur etwa ein Drittel so hoch, mit einer geraden, senkrechten Kalbungsfront ins Meer. Während man seinerzeit die Oberfläche bequem hätte begehen können, war 2009 darauf kein Fortkommen möglich. Messungen norwegischer Glaziologen ergaben, dass sich fast der gesamte Gletscher mit einer Geschwindigkeit von etwa zwei Metern pro Tag bewegte. Demgegenüber war vor dem Surge weniger als ein halber Meter pro Tag registriert worden. Rückblickend hätten wir keinen besseren Termin für unsere Expedition wählen können. Der Comfortlessbreen befand sich ausgerechnet während unseres Besuchs ziemlich genau im Maximum seiner Surge-Phase.

Linke Seite oben: Küstenseeschwalben profitieren vom nährstoffreichen Wasser vor einem kalbenden Gletscher, denn hier tummelt sich besonders viel Beute im Wasser. Eisberge laden zum Verschnaufen ein.

Linke Seite unten: Auch eine Bartrobbe benützt einen gekalbten Eisberg zur Erholung. Etwas misstrauisch beäugt sie unser Boot, entscheidet sich aber dennoch nicht zur Flucht.

Der Gletscherrand ist besonders stark zerklüftet, weil das Eis wie ein massiver Block abrutscht. Am Rand treten deshalb besonders starke Scherkräfte auf.

Die hoch aufgewölbte Stirn des surgenden Comfortlessbreen schiebt ein dunkles Schotter-Eis-Gemisch vor sich her.

Links oben: Die Oberfläche des Comfortlessbreen ist in der Ruhephase von viel weniger Spalten durchzogen. Ein Netzwerk stark entwickelter Schmelzwasserkanäle deutet ebenfalls auf langsames Fließen hin (1970).

Links unten: Comfortlessbreen in voll entwickelter Surge-Phase 2009: Die Gletscheroberfläche ist von ungewöhnlich vielen Spalten zerrissen und die Gletscherstirn steil und aufgewölbt.

Automatische Kamera zur Beobachtung des Comfortlessbreen während seines Surges.

5

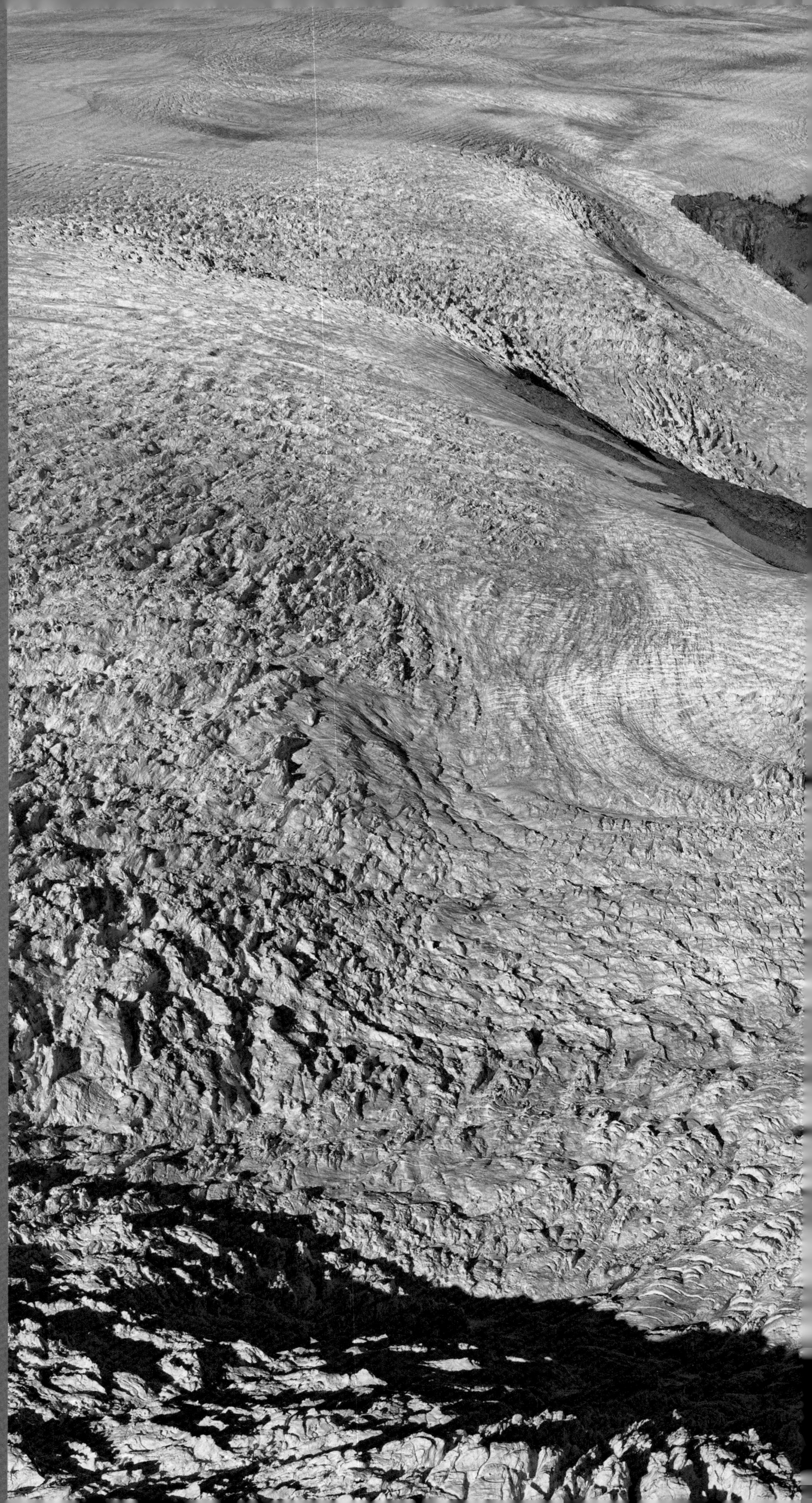

Grönland

Vorhergehende Doppelseite: Vom grönländischen Eisschild fließen unzählige Auslassgletscher in die Fjorde und kalben Eisberge. Heim-Gletscher am Johan-Petersen-Fjord, Südostgrönland.

Gekalbte Eisberge werden von Meeresströmungen bis weit in den Süden getragen. Manche erreichen gar die Küsten von Labrador und Neufundland. Dieser befindet sich aber noch bei Ella Ø in Ostgrönland.

Satellitenaufnahme vom 21. August 2003. Man erkennt die grönländische Ostküste mit dem komplexen Fjordsystem von Kangertittivaq unten und dem Kaiser-Franz-Joseph-Fjord oberhalb der Bildmitte. Links ist der Eisschild, rechts tief liegende Wolkenbänke über der Grönlandsee. Der Bildausschnitt ist 900 Kilometer hoch.

Grönland ist die größte Insel der Welt. Mit ihren 2,2 Millionen Quadratkilometern Fläche übertrifft sie diejenige Frankreichs um das Vierfache. Vier Fünftel davon sind eisbedeckt. Eisfreies Land gibt es nur entlang der Küsten und Fjorde. Das Landesinnere nimmt der grönländische Eisschild ein, die mit Abstand größte Eismasse der Nordhemisphäre. Von Norden nach Süden ist er 2500 Kilometer lang, hat eine maximale Dicke von 3200 Metern und ein Volumen von 2,6 Millionen Kubikkilometern. Dies entspricht rund einem Zehntel allen Süßwassers auf der Erde. Einzig in der Antarktis gibt es noch mehr Gletschereis. Würde sämtliches Eis in Grönland schmelzen, stiege der Meeresspiegel um 6,5 Meter.

Das Felsbett unter dem mittleren Teil des grönländischen Eisschilds liegt bis zu 300 Meter unter Meeresspiegelniveau. Allerdings würde es nach dem vollständigen Abschmelzen des Eises infolge isostatischer Landhebung (vgl. S. 65) ansteigen und bald trockenfallen. Vom Innern der Insel fließt das Eis nach Osten zum Nordatlantik, im Westen zur Baffin Bay und Nares-Straße sowie im Norden zum Nordpolarmeer hin ab. Allerdings wird es fast überall durch Küstengebirge und Hochländer in verhältnismäßig schmale Strömungseinheiten gezwungen, die als Auslassgletscher in die tief ins Land hineingreifenden Fjorde kalben. Die kalbenden Gletscher fließen normalerweise viel schneller als solche, die auf dem Festland enden. Manche grönländischen Gletscher bewegen sich pro Tag zwanzig bis vierzig Meter!

Falschmeldung zum Gletscherschwund

Über die unvergletscherten Teile der Insel entwickelte sich 2011 in Print- und Online-Medien eine kuriose Geschichte. Im September veröffentlichte der amerikanische Verlag HarperCollins eine neue Auflage des legendären «Times Atlas of the World». Aber warum sollten sich Besitzer einer früheren Ausgabe diese neue anschaffen? Die Herausgeber wiesen im Werbematerial drauf hin, dass der neue Atlas landschaftliche Veränderungen von globaler Bedeutung dokumentiere. Unter anderem wurde auf die rasant schwindende Eisbedeckung Grönlands hingewiesen: Um ganze 15 Prozent sei die Eisfläche seit 1999, dem Erscheinungsjahr der Vorauflage, zurückgegangen! Die größten, neuerdings eisfrei gewordenen Zonen zeigte der Atlas in Ostgrönland. Umgehend bemerkten jedoch Gletscherforscher in aller Welt, dass es sich dabei entweder um eine drastische Übertreibung oder um einen groben Fehler handeln musste. Ein derart massiver Gletscherschwund innerhalb von lediglich zwölf Jahren ist trotz Klimaerwärmung selbst in Grönland völlig ausgeschlossen. Zudem hätte dieser einen weltweit spürbaren Meeresspiegelanstieg um etwa einen Meter verursacht, wovon – zumindest in dieser Größenordnung – keine Rede ist. Es stellte sich heraus, dass die Kartografen bei HarperCollins

Viele Auslassgletscher des Eisschilds kalben in die Fjorde; langsam driften die Eisberge hinaus in die Grönlandsee und werden vom Ostgrönlandstrom Richtung Süden getragen.

Satellitenbilder falsch interpretiert hatten. Unter anderem hatten sie wohl moränenbedecktes Eis irrtümlicherweise als eisfreies Land klassifiziert. Noch schlimmer: Niemand hatte die mit der Region vertrauten Glaziologen konsultiert. Hinweise besorgter Fachleute bewirkten schließlich, dass der Verlag seine Fehlleistung eingestehen und sich bei seiner Kundschaft entschuldigen musste.

Tatsächlich schwindet der grönländische Eisschild derzeit deutlich, wenn auch nicht so massiv, wie im fehlerhaften Atlas dargestellt. Daten von Erdbeobachtungssatelliten zeigen, dass die Ablation in den letzten Jahren dramatisch zugenommen hat. Dies führt zu positiven Rückkopplungseffekten: Ausgedehnte Schmelzwasserseen auf der Eisoberfläche und riesige, von Schneematsch bedeckte Gebiete verringern im Sommer die **Albedo**, also das Rückstrahlvermögen der Oberfläche. Diese wird dunkler und absorbiert mehr Sonnenstrahlung, was die Eisschmelze wiederum verstärkt. Hinzu kommt, dass das Schmelzwasser subglazial abfließt

Ein kleiner Eisberg erstrahlt in prächtigen Farben. Transparenz und Türkistöne deuten auf Eis mit wenig Lufteinschlüssen hin.

Diese Ansammlung mächtiger Eisberge stammt nicht vom Gletscher im Hintergrund, sondern wurde aus einem anderen Arm des verzweigten Fjordsystems hierher getrieben.

6

Axel Heiberg Island

Vorhergehende Doppelseite: Die Piedmontgletscher im Süden der Insel Axel Heiberg vermitteln einen Eindruck von der Vergletscherung während des Maximalstands der letzten Eiszeit auf der Alpennordseite.

Zwischen dem mächtigen Thompson Glacier (hinten) und dem viel kleineren Gletscher (im Vordergrund) liegt der eisgestaute Finger Lake mit Resten von Wintereis und Eisbergen.

7

Alaska und Yukon

Vorhergehende Doppelseite: In den riesigen Kahiltna Glacier fließen von der Seite weitere, kleinere Nebengletscher, dadurch entstehen die markanten Mittelmoränen. Im Hintergrund überragt der Mount McKinley alle anderen Gipfel der Alaska Range.

Nach dem Rückgang der Zunge des Nizina Glacier in den Wrangell Mountains hat sich ein Zungenbeckensee gebildet, in den der Gletscher unzählige Eisberge kalbt.

In Alaska und in Yukon liegen die größten Gletscherflächen der Erde außerhalb der Polargebiete. Allein Alaska, flächengrößter Bundesstaat der USA, ist zu fast fünf Prozent vergletschert. Dies entspricht etwa 80 000 Quadratkilometern oder der Fläche Österreichs. Weitere 48 000 Quadratkilometer liegen im Westen Kanadas, der Großteil davon im Yukon-Territorium.

Die Eisfelder im Süden Alaskas erhalten reichlich Schneefall. Sturmwinde haben um die vereinzelt aus dem Harding Icefield herausragenden Felsgipfel Vertiefungen erodiert. In der untersten befindet sich ein kleiner Schmelzwassersee.

Maritime und kontinentale Gletscher

Die geografische Verteilung dieser Eisflächen scheint zunächst paradox: Je weiter südlich man geht, desto mehr Gletscher gibt es. Dies liegt einerseits daran, dass sich entlang der Pazifikküste die höchsten Gebirgsketten Nordamerikas erstrecken, unter anderem die Saint Elias Range mit dem Mount Logan, dem höchsten Punkt Kanadas (5959 Meter ü. M.). Andererseits fallen in Küstennähe auch weitaus mehr Niederschläge als im Norden.

Vom Harding Icefield auf der Kenai-Halbinsel fließt der Northwestern Glacier über eine Steilstufe in einen Fjord hinunter.

Noch 1909 füllte der Bear Glacier das ganze Becken aus, in dem sich heute ein See mit zahlreichen Eisbergen befindet. Allein von 2000 bis 2007 betrug der Längenverlust der Zunge 3,5 Kilometer.

Im Süden Alaskas und Yukons gibt es nebst unzähligen Tal- und Gebirgsgletschern auch ausgedehnte Eisstromnetze, wie zum Beispiel das Harding Icefield auf der Kenai-Halbinsel (Bild S.144). Dieses erhält im Winter oft über zehn Meter Schneezuwachs. Seine Auslassgletscher fließen teils flach, teils über spektakuläre Steilstufen bis in die tiefen Meeresbuchten im Kenai Fjords National Park. Hier nimmt die Ablation mit sinkender Meereshöhe außergewöhnlich schnell zu. Das heißt, dass die Gletscher in ihren Akkumulationsgebieten zwar viel Schneenachschub erhalten, dafür aber in den Ablationsgebieten große Eismengen verlieren, in den tiefsten Lagen oft zehn Meter pro Jahr oder mehr. Man spricht von einem steilen **Massenbilanzgradienten**, also einer großen Änderung der Massenbilanz des Gletschers in Bezug auf die Höhenlage. Gletscher dieser Art fließen besonders schnell. Dies verhilft ihnen zu großer Erosionskraft. Sie können enorme Sedimentmassen transportieren. Dabei liegt ihre Gleichgewichtslinie verhältnismäßig tief, zum Beispiel am Wolverine Glacier auf nur etwa 1300 Metern über Meer. An diesem Gletscher werden alljährlich Massenbilanzmessungen durchgeführt. Man bezeichnet solche aktiven Gletscher mit großem Massenumsatz als **maritim**.

In krassem Gegensatz zu diesen Gletschern stehen diejenigen im Norden Alaskas. Dort fallen die Niederschläge selbst in der bis 2736 Meter hohen Brooks Range spärlich. Gletscher können sich nur dank tiefer Temperaturen halten. Auf dem intensiv untersuchten McCall Glacier liegt die Gleichgewichtslinienhöhe rund tausend Meter höher als beim Wolverine Glacier. Die **kontinentalen Gletscher** der Brooks Range haben also geringe Massenumsätze, fließen langsam und sind verhältnismäßig klein.

Falschfarben-Satellitenaufnahme des 65 Kilometer breiten Malaspina Glacier. Auffällig sind besonders am rechten Bildrand die intensiven Verfaltungen der Moränen. Aufnahme mit dem Multispektralscanner von Landsat 7, 31. August 2000.

Blick über die Piemont-Zunge des Malaspina Glacier aus einem Linienflugzeug. Hinten Mount St. Elias (links, 5489 m) und Mount Logan (5959 m, höchster Berg Kanadas). Vorne transportiert ein kurzer Schmelzwasserfluss Lockersedimente in den Pazifischen Ozean.

Unvorstellbar weitläufig sind einige Gletscher im Süden und Südosten Alaskas und Yukons. Allein der größte, der Bering Glacier, ein Auslassgletscher des Bagley Icefield, bringt es auf 190 Kilometer Länge und 5200 Quadratkilometer Fläche. Nur wenig kleiner ist sein östlicher Nachbar, der Malaspina Glacier. Sein Akkumulationsgebiet im Seward Icefield befindet sich in Kanada, sein Ablationsgebiet in Alaska. Wie ein gigantischer Fladen dehnt sich seine riesige Piedmontzunge auf eine Breite von 65 Kilometern aus. Dies ist umso erstaunlicher, als sich der Großteil des Eises zuvor durch eine nur drei Kilometer breite Lücke in den Saint Elias Mountains zwängt (Bild S. 147). Das Gletscherbett liegt teilweise tiefer als der Meeresspiegel. Nach dem Abschmelzen der Gletscherzunge würde ein weit ins Land hineingreifender Fjord entstehen. Bereits geschehen ist dies in der Glacier Bay im Südosten Alaskas. Seit dem Ende des 18. Jahrhunderts entstand durch den Gletscherschwund ein mehr als hundert Kilometer langes Fjordsystem.

Zwar schwinden die meisten Gletscher in Alaska und in Yukon, doch gibt es bemerkenswerte Ausnahmen. Eine davon ist der spektakuläre Hubbard Glacier. Er mündet östlich des Malaspina Glacier in einer elf Kilometer hohen Kalbungsfront in die Disenchantment Bay. Mit 120 Kilometern Länge ist er der größte kalbende Gletscher des nordamerikanischen Festlands. Er wird oft von Kreuzfahrtschiffen angelaufen. Von Deck beobachten die Passagiere die zahlreichen Eisabbrüche. Herausragende Besonderheit dieses Gletschers ist, dass er durch Vorstöße in den Jahren 1986 sowie 2002 einen Seitenarm der Disenchantment Bay, den Russel Fjord, vom Meer abschnitt. Der Eisdamm staute den 52 Kilometer langen Fjord auf, worauf der Wasserspiegel 1986 um 25 Meter und 2002 um 18 Meter anstieg. Dies hatte zum einen schädliche Auswirkungen auf die darin eingeschlossene Meeresfauna, weil der Salzgehalt durch das zugeführte Schmelzwasser sank. Zum anderen gab es Bedenken, der Fjord könnte am Südende einen neuen Ausfluss ins Meer suchen und die Ortschaft Yakutat gefährden. Allerdings brach in beiden Fällen der Eisdamm, lange bevor die kritische Höhe erreicht worden war. Am 8. Oktober 1986 ergossen sich 5,3 Kubikkilometer Wasser innerhalb von nur 24 Stunden in die Disenchantment Bay. Es war eines der größten Gletscherhochwasser in historischer Zeit.

Kalbung an der Stirn des Hubbard Glacier in die Disenchantment Bay. Der Gletscher ist in den letzten Jahrzehnten vorgestoßen und hat dabei mehrmals den Russel Fjord vorübergehend vom Meer abgeschnitten.

Blick über den schnell fließenden Hubbard Glacier zum Russel Fjord (Mitte oben), der 1986 und 2002 vom Meer abgeschnitten und aufgestaut wurde.

Gletscher als Förderbänder der Natur

Im mittleren Ablationsgebiet des Kahiltna Glacier in der Alaska Range bildet sich bei jedem Zusammenfluss zweier Eisströme eine Mittelmoräne.

Geschwungene Mittelmoränen auf dem Tokositna Glacier entstehen, weil der Eiszufluss aus den verschiedenen Firnbecken variiert. Im Hintergrund erhebt sich der höchste Berg Nordamerikas, der Mount McKinley oder Denali.

Gesteinsmaterial gelangt auf mannigfaltige Art auf Gletscher: Plötzlich und in großen Mengen bei Bergstürzen oder in kleineren Portionen, dafür umso häufiger als Steinschlag aus eisfreien Bergflanken am Gletscherrand. Dazu kommen Felsbrocken, die das Eis vom Gletscherbett loszubrechen vermag, und die durch Überschiebungen innerhalb des Eises bis an die Gletscheroberfläche gelangen. Gesteinstrümmer aller Größen, die vom Eis transportiert werden, bezeichnet man als **Moränen** (im deutschen Sprachgebrauch sind damit allerdings auch früher vom Gletscher am Rand oder der Stirn abgelagerte Lockermassen gemeint; siehe unten). Besonders augenfällig sind auf den mächtigen Talgletschern in Alaska und in Yukon die **Mittelmoränen**, die immer dann entstehen, wenn zwei Eisströme zusammenfließen und sich zwei **Seitenmoränen** vereinen. Bleiben die Fließgeschwindigkeiten der beteiligten Gletscher konstant, folgen Mittelmoränen der allgemeinen Strömungsrichtung der Zunge. Es sieht dann aus, als würde der Gletscher seine Gesteinslast wie ein Förderband talwärts transportieren. Prachtvolle Beispiele gibt es auf dem Kahiltna Glacier, dem längsten Talgletscher der Alaska Range. Manchmal führen Variationen in der Eiszufuhr aus einzelnen Firnbecken zu mäandrierenden Mittelmoränen, wie zum Beispiel beim Tokositna Glacier, ebenfalls in der Alaska Range. Extreme Kurven bilden sich, falls einer oder mehrere Eisströme Surge-Phasen durchlaufen (Bild S. 163).

Moränen bilden sich stets unterhalb der Gleichgewichtslinie. Darüber, im Akkumulationsgebiet, werden Gesteinstrümmer durch die sukzessive abgelagerten Schneeschichten zugedeckt und verschwinden im Innern des Eises. Anders verhält es sich im Ablationsgebiet. Hier kommen die Gesteinstrümmer durch die Eisschmelze an die Oberfläche. Während sie durch die Gletscherbewegung zum Zungenende hin transportiert werden, schmilzt immer mehr Moränenmaterial aus dem Eis. Nach und nach sammelt sich so viel Schutt auf dem Gletscher an, dass mitunter gar kein Eis mehr sichtbar ist.

Am Zungenende abgelagertes Gesteinsmaterial kann **Endmoränen** bilden. Diese bilden allerdings nur dann markante Wallformen, wenn die Eisfront während längerer Zeit etwa am gleichen Ort endet, sodass sich das Moränenmaterial aufhäuft. Schmelzwasserströme können die Endmoränen recht schnell wieder erodieren, sodass nach einem weiteren Rückgang des Gletschers oft nur unvollständige Endmoränenwälle zurückbleiben. Landschaftlich attraktiv wird die Situation, wenn zwischen Endmoräne und zurückweichendem Gletscher ein Zungenbeckensee liegt, in dem Eisberge schwimmen (Bild S. 142–143). Gewaltige Mengen Gesteinsmaterial lagern die Gletscher Alaskas in den Fjorden ab, und zwar mehrheitlich unsichtbar unter dem Meeresspiegel. So wird beispielsweise die Glacier Bay jährlich mit einer fast einhundert Meter dicken Schicht aufgefüllt.

Bei Gletscherflügen erschließen sich auf dem Eis Gebilde, die am Boden unzugänglich oder schwer auszumachen sind. Besonders eindrücklich sind chaotisch angeordnete Eistürme, sogenannte **Séracs**. Sie entstehen, wenn sich Gletscherspalten unterschiedlicher Ausrichtung kreuzen. Formen, die an abstrakte Kunst erinnern, entstehen durch mäandrierende Schmelzwasserbäche oder durch Gruppierungen blauer oder türkisfarbender Seen. Die überraschendste aller Oberflächenformen sind aber **Ogiven**. Dabei handelt es sich um bänderartige Verfärbungen der Gletscheroberfläche unterhalb eines Eisfalls, welche die jährliche Eisbewegung vortrefflich illustrieren (Bild S. 157).

Eismuster auf Gletscheroberflächen; im Uhrzeigersinn von oben links: tafelförmige, schuttbedeckte Eisberge des Nizina Glacier; Spaltenchaos; kraterförmige Vertiefungen; Schmelzwasserseen und ein frischer Eisabbruch am Kennicott Glacier; mäandrierender Schmelzwasserbach auf dem Root Glacier.

Schnelle und langsame Surges

Der Variegated Glacier in einer Surge-Phase im Jahr 1983 (links) und während der nachfolgenden Ruhephase (aufgenommen 1985).

Dem Phänomen von Surges haben wir uns bereits in Kapitel 4 gewidmet. Surge-Gletscher machen kurze Phasen durch, während deren sich die Eisbewegung massiv beschleunigt und die Zunge stark vorstoßen kann. Dies wird als **Surge-Phase** bezeichnet. Darauf folgt eine länger dauernde Phase mit geringer Bewegung und stagnierender oder schwindender Zunge. Dieses Verhalten ist nicht leicht zu erklären und kompliziert das Bild der üblichen, durch klimatische Veränderungen verursachten Gletscherschwankungen. Glaziologen sind seit Langem fasziniert von Surge-Gletschern und haben diese in Alaska und im Yukon-Territorium besonders eingehend untersucht. Als Ergebnis dieser Forschungsarbeiten versteht man einige der Surge-Mechanismen heute recht gut. Im Folgenden werden zwei Surge-Gletscher mit unterschiedlichem Verhalten vorgestellt

Der 18 Kilometer lange Variegated Glacier auf der Südseite der Saint Elias Mountains fließt von den Flanken des Mount Seattle und berührt an seiner Stirn den bereits beschriebenen, viel größeren Hubbard Glacier. Jahrzehntelange Beobachtungen hatten ergeben, dass ein typischer Surge-Zyklus des Variegated Glacier etwa 18 Jahre dauert. Dies ermöglichte die Voraussage der vorletzten aktiven Phase von 1982/1983 und die Vorbereitung einer intensiven Messkampagne. Dabei kamen vielfältige Techniken zum Einsatz, um die morphologischen Veränderungen, die Verteilung von Eisgeschwindigkeiten und die Veränderung des hydrologischen Abflussregimes genau zu dokumentieren.

Erste Anzeichen für den Beginn der Surge-Phase waren im Februar 1982 erratische Veränderungen der Eisgeschwindigkeit, sogenannte Mini-Surges. Erst mehrere Monate später nahm die Bewegung im Akkumulationsgebiet massiv auf 10 bis 15 Meter pro Tag zu. Im Juni bewegte sich das Eis im Ablationsgebiet täglich bis vierzig Meter weit, in manchen Zonen sogar bis sechzig Meter. Das heißt, es kamen Bewegungen von bis zu drei Metern pro Stunde vor. Die Eisoberfläche

Die Surge-Front des Trapridge Glacier erreichte die Gletscherstirn 2005 und führte zu einem Vorstoß. Das Bild entstand 2006, als der Gletscher bereits wieder zu schwinden begann.

Von der Eiswand an der Stirn des Trapridge Glacier sind Eisblöcke abgebrochen und auf das Gletschervorfeld gestürzt.

war zu diesem Zeitpunkt völlig aufgebrochen; sie bestand aus unzähligen Eisbrocken und -nadeln. Es war unmöglich, sie zu Fuß zu begehen. Markierungen zur Vermessung des Gletschers mussten aus Helikoptern im Schwebeflug abgesetzt werden, gingen aber immer wieder in den sich stets neu bildenden Spalten und Brüchen verloren. Der Surge endete am 4. Juli 1983 abrupt, als ein mächtiges Gletscherhochwasser aus der Zunge hervorbrach.

Was verursachte den Surge des Variegated Glacier? Wichtigste Auslöser waren Veränderungen des Wasserabflusses am Gletscherbett. Solange das Schmelzwasser gut durch miteinander kommunizierende Hohlräume im Eis abfließen kann, bleibt der Wasserdruck im Innern des Gletschers klein. Wird das Eis mit der Zeit aber dicker, werden einzelne Hohlräume zugedrückt, Wasser staut sich im Gletscherinnern, der Wasserdruck steigt und vermindert die Haftung des Eises am Gletscherbett. Infolgedessen beschleunigt sich das Eis. Dies wiederum öffnet neue Abflusskanäle für das Wasser, das dann flutartig aus dem Gletscher hervorbricht. In diesem Moment endet der Surge plötzlich. 1983 geschah dies, bevor die Surge-Front die Gletscherstirn erreicht hatte. Deshalb stieß die Zunge auch nicht vor. 1995 folgte eine nächste Surge-Phase, allerdings vier Jahre vor dem erwarteten Termin. Sie wurde deshalb nur von wenigen Fachpersonen beobachtet.

Ein anderer Surge-Gletscher, der Trapridge Glacier, ist mit vier Kilometern Länge viel kleiner. Er befindet sich auf der Ostseite des Mount Wood im Kluane National Park and Reserve im Yukon-Territorium in einem Höhenbereich von 2250 bis 2800 Metern über Meer. Er durchlief in den 1940er-Jahren eine Surge-Phase. Dies wurde allerdings erst nachträglich anhand von Luftbildern rekonstruiert. In den folgenden Jahren stagnierte er. Luftbilder von 1970 zeigten dann wieder eine neue Surge-Front, die sich sehr langsam gletscherabwärts bewegte. Der Surge entwickelte sich derart gemächlich, dass ihn ein internationales Forscherteam unter der Leitung von Garry Clarke von der University of British Columbia während insgesamt dreißig Jahren untersuchen konnte! Während dieser Zeit erhöhte sich die Fließgeschwindigkeit sehr langsam von 14 auf 42 Meter pro Jahr und verringerte sich nach Durchgang der Surge-Front auf neun Meter. Diese Werte sind bei Weitem geringer als diejenigen beim Variegated Glacier. Erst 2005, mehr als drei Jahrzehnte nach Einsetzen der aktiven Phase, erreichte die Surge-Front die Gletscherstirn. Dort bildete sie eine senkrechte Eiswand, mit welcher der Gletscher anschließend über sein Vorfeld vorrückte. Der Vorstoß endete 2006. Anschließend begann der Trapridge Glacier wieder zu schwinden.

Weil sich dieser Surge außergewöhnlich langsam abspielte, entstanden auf der Gletscheroberfläche nur wenige Spalten. Sie konnte deshalb problemlos begangen, an verschiedenen Stellen durchbohrt und mit Messsonden bestückt werden. Es zeigte sich, dass das Eis im Zungenbereich in 15 Metern Tiefe mit minus sieben Grad Celsius erstaunlich kalt war. Andererseits fanden die Glaziologen an der mittleren Gletscherbasis temperiertes Eis. Es war also nass und nicht am Bett angefroren. Darunter befand sich eine rund dreißig Zentimeter dicke Schicht aus schlammiger Grundmoräne. Das Gleiten über den Untergrund und eine starke Deformation dieser weichen Schicht waren für neunzig Prozent der Bewegung während der Surge-Phase verantwortlich.

Oben: Dampfbohren auf dem Trapridge Glacier. Später werden Temperatur-, Druck- und Bewegungssensoren im Bohrloch installiert.

Unten: Ausrüstung zum Bereitstellen von Dampf, mit dem der Gletscher an mehreren Stellen durchbohrt wird.

Das Camp der Glaziologen wurde mehrmals auch mitten im Sommer eingeschneit.

Die Erkenntnisse in Zusammengang mit dem Trapridge Glacier bestätigten theoretische Modelle zur Entstehung eines Surges, die wir im Zusammenhang mit dem Comfortlessbreen in Spitzbergen bereits kennengelernt haben: Ein solcher kann ausgelöst werden, wenn ein polythermaler Gletscher hinter der Surge-Front so lange dicker wird, bis am Bett Schmelzprozesse einsetzen. Unter dem Eis «eingeklemmte» Lockersedimente tauen auf und bilden eine Schmierschicht. Zunächst sind aber der Gletscherrand und der untere Zungenbereich immer noch am Bett angefroren, sodass die Bewegung noch gebremst wird. Sobald dieses «Hindernis des kalten Randes» überwunden ist, kann die aktive Surge-Phase ihren dramatischen Verlauf nehmen.

Bei großen, komplexen Gletschern können Surges in nur einem von mehreren Firnbecken stattfinden, während sich die anderen normal verhalten. Ein untrügliches Anzeichen dafür sind stark deformierte Mittelmoränen, die durch die unterschiedlichen Bewegungen der einzelnen Gletscherteile ihre Kurvenform erhalten. Ein klassisches Beispiel dafür ist der Muldrow Glacier in der Alaska Range. Seine letzte aktive Surge-Phase wurde 1956 beobachtet.

Stark deformierte Mittelmoränen auf dem Muldrow Glacier auf der Nordseite der Alaska Range deuten auf Surge-Verhalten hin.

8

Anden

Vorhergehende Doppelseite: Mächtige Gletscher krönen den Südgipfel des Nevado Huascarán, mit 6788 Metern der höchste Berg Perus. Ein Gletscher- und Felssturz von seinem Nordgipfel (links hinten) forderte 1970 über 20000 Todesopfer.

An der rund siebzig Meter über den Spiegel des Lago Argentino aufragenden Stirn des Glaciar Perito Moreno hat soeben eine Kalbung stattgefunden. Dieser Gletscher ist eine der bedeutendsten touristischen Attraktionen Patagoniens.

Vom äußersten Norden Südamerikas bis zur Südspitze in Patagonien erstrecken sich auf einer Länge von mehr als 8000 Kilometern die Anden. Während sie in Patagonien, also im Südteil Argentiniens und Chiles, infolge der harschen Klimabedingungen über weite Strecken fast unbewohnt sind, bieten sie im Norden, insbesondere in Peru, Ecuador und Kolumbien, Lebensraum für Dutzende Millionen Menschen. In der Höhe herrschen günstigere Lebensbedingungen als in den tropisch feuchtheißen Tiefländern. Weil sich aber der Siedlungsraum bis in die unmittelbare Nachbarschaft der Gletscher erstreckt, sind Nutzen und Gefahren des Eises hier besonders deutlich sichtbar.

Schnee und Eis bilden in den tropischen Anden Südamerikas kostbare Süßwasserreserven. In der Eiswand hinter den Bergsteigern ist sehr schön die Firnschichtung erkennbar (im Aufstieg auf den Nevado Vallunaraju, 5680 m, bei Huaraz, Peru).

Vulkan-Gletscher-Katastrophe am Nevado del Ruiz

In allen Andenländern sind Gletscher vorhanden, allerdings von sehr unterschiedlicher Ausdehnung. Diejenigen in Venezuela sind winzig klein und beschränken sich auf die Region um den 5002 Meter hohen Nevado Bolivar in der Sierra Nevada de Mérida. Ihr Rückgang ist derart schnell, dass sie in den nächsten Jahrzehnten ganz verschwinden werden. Die Gletscher im benachbarten Kolumbien sind etwas größer, doch zeigen Messungen mittels Satellitenbildern, dass auch sie im Jahr 2007 nur noch 45 Quadratkilometer bedeckten. Dennoch bilden sie eine der Ursachen für eine der verheerendsten Gletscherkatastrophen überhaupt.

Das im Westen des südamerikanischen Kontinents gelegene Hochgebirge ist das Ergebnis der Kollision der südamerikanischen Lithosphärenplatte mit der Nazca-Platte unter dem Ostpazifik. Dabei taucht die Nazca-Platte seit Dutzenden von Jahrmillionen unter die südamerikanische Lithosphärenplatte. Als Folge davon gibt es zahllose Erdbeben. Je weiter entfernt vom Pazifik sich diese ereignen, desto tiefer liegen ihre Herde. Ihre Verteilung zeichnet die von Westen nach Osten absinkende Reibungsfläche zwischen den beiden Platten nach. Genau

In allen Andenländern Südamerikas mit Ausnahme von Venezuela gibt es vergletscherte Vulkane. Bei Eruptionen können Lahare Siedlungen gefährden. Vom 5897 m hohen Cotopaxi in Ecuador schmolz bei einer Eruption 1877 so viel Eis, dass ein Hochwasser die Stadt Latacunga weitgehend zerstörte.

Trotz seiner eher bescheidenen Höhe von 2552 Metern ist der wunderschön symmetrisch geformte Vulkan Osorno im mittleren Süden Chiles stark vergletschert. Kurz vorher sind bei Regen- oder Tauwetter kleinere Lahare niedergegangen und haben den Talboden im Vordergrund erodiert.

entlang dieser Reibungsfläche bildet sich auch Magma, das sich langsam durch den mächtigen Gesteinssockel der Anden nach oben durchschmilzt und zu Vulkaneruptionen führt.

Einer der Vulkane ist der Nevado del Ruiz, rund 130 Kilometer westlich der kolumbianischen Hauptstadt Bogotá gelegen. Der komplex gebaute Berg trägt auf einem bis 5321 Meter hohen Gipfelplateau eine mehrere Quadratkilometer große Eiskappe. Wie wir im Kapitel über Island gesehen haben, bilden aktive Vulkane und Gletscher eine höchst gefährliche Kombination. In historischer Zeit war der Nevado del Ruiz bereits mehrmals ausgebrochen und hatte todbringende Lahare – vulkanische Schlammströme – ausgelöst. Allerdings verhielt sich der Vulkan zwischen 1916 und 1984 ruhig. Seit November 1984 deuteten vulkanische Erdbeben allerdings auf eine mögliche neue Eruption hin. In den folgenden Monaten erstellten Vulkanologen eine Gefahrenkarte. Gemäß dieser befanden sich mehrere Siedlungen, darunter die Stadt Armero, in den durch Hochwasser gefährdeten Zonen. Leider fand die Karte im damals krisengeschüttelten Land wenig Verbreitung. Auch gab es am Vulkan selbst zwar einige improvisierte Erdbeben-Messstationen, doch war die Datenauswertung langsam und umständlich. Die wenigen einheimischen Fachleute verfügten zudem nur über wenig Erfahrung. Ausländische Fachleute kamen erst ins Spiel, als es zu spät war.

Aufnahme des kolumbianischen Vulkans Nevado del Ruiz vom 23. April 2010 aus der Internationalen Raumstation. Man erkennt gut die Eiskappe auf dem Gipfel, darin im rechten oberen Teil den Krater und die radial vom Vulkan wegführenden Täler, durch die sich in der Vergangenheit verheerende Lahare ergossen haben.

Vergletschertes Gipfelplateau des Nevado del Ruiz im November 1985, nach der verheerenden Eruption am 13. Oktober. Geschmolzenes Gletschereis verursachte Lahare, die Städte und Ortschaften in der Umgebung des Vulkans zerstörten.

Notunterkünfte für Obdachlose nach dem Erdbeben und dem Gletschersturz vom 31. Mai 1970. Die Hütten waren auch 1981 noch bewohnt.

Am Vormittag des 3. Juni versuchten wir erfolglos, einen Ingenieur unserer Firma davon zu überzeugen, uns mit einem Helikopter nach Huaraz fliegen zu lassen. Es hieß, eine Landung in Huaraz sei aufgrund des allgegenwärtigen Staubes der zerfallenen Häuser unmöglich. So machten sich drei von uns mittags einmal mehr zu Fuß auf den Weg; der vierte war zu erschöpft und musste in Caraz zurückbleiben. Nachmittags erreichten wir Yungay. Dort kamen uns die Tränen, als wir sahen, wie viele Menschen innerhalb von wenigen Minuten ums Leben gekommen waren. Es war das Traurigste und Schockierendste, was wir je erlebt hatten. Spätabends durften wir die temporäre Brücke über den Fluss Shacsha nicht mehr passieren und mussten einmal mehr, diesmal im Freien, übernachten. Auch viele andere Überlebende campierten auf offenem Feld, teilten aber großzügig ihre spärlichen Lebensmittel mit uns. Noch am gleichen Abend ereignete sich einmal mehr ein starkes Nachbeben.
Am Morgen des 4. Juni mussten wir zuerst mithelfen, die Brücke zu befestigen. Aber danach war die Straße frei, und ein Lastwagen brachte uns nach Carhuaz. Von dort mussten wir wieder zu Fuß weiter und erreichten noch am gleichen Abend wohlbehalten, aber erschöpft Huaraz. Wir waren mehr als hundert Kilometer weit marschiert. Schon kurz vor Huaraz hatte ich eine Bekannte getroffen, die zu meiner riesigen Erleichterung berichtete, dass meine Frau und Kinder wohlauf seien. Ich fand sie kurze Zeit später im Haus meiner Mutter, das dem Erdbeben standgehalten hatte. Unser eigenes Haus war hingegen vollständig zerstört. Auch die Familien meiner Begleiter waren in Sicherheit, aber auch sie hatten Heim und Habseligkeiten verloren.

Alcides Ames

In dieser Teleaufnahme der Cordillera Huayhuash aus der Internationalen Raumstation erkennt man rund um die vergletscherte Hochgebirgskette mindestens zwei Dutzend Gletscherseen. Der hellere, türkisfarbene See links von der Mitte ist Solteracocha (vgl. gegenüberliegende Seite).

Gletscherseen und ihre Ausbrüche

Eine weitere Gefahr geht in den peruanischen Anden von den zahlreichen Gletscherseen aus. Einerseits beleben diese die Szenerie und machen sie für Trekking- und Hochgebirgstouren attraktiv. Andererseits können sie plötzlich auslaufen und verheerende Hochwasser verursachen. Dies geschah am 13. Dezember 1947 in Huaraz, als die kleine Laguna Cohup einen Moränendamm durchbrach und etwa 5000 Menschen ums Leben kamen.

Der Großteil der gefährlichen Gletscherseen entstand im 20. Jahrhundert durch den Schwund der Gletscherzungen, weil die zurückgebliebenen, mächtigen Endmoränenwälle das Gletscherwasser stauten. Auf einer einzigen Aufnahme der kompakten, aber hohen Cordillera Huayhuash aus der Internationalen Raumstation erkennt man rund zwei Dutzend solcher Seen (Bild S. 178). In der weitläufigeren Cordillera Blanca gibt es noch viele mehr. Das Problem besteht darin, dass der über die tiefste Stelle der Moräne abfließende Gletscherbach bei einem Starkniederschlag rasch anschwellen kann, dadurch an Erosionskraft gewinnt und sein Bett vertieft. Dadurch nimmt die Abtragung noch mehr zu, bis der See katastrophal ausbricht. Auslöser für solche Gletscherhochwasser können auch Fels- oder Eisstürze in die Gletscherseen sein, bei denen sogenannte **Schwallwellen** den Moränendamm erodieren. Glücklicherweise können hier Vorsorgemaßnahmen Abhilfe schaffen. Im Lauf der letzten Jahrzehnte

Ein steiler Talgletscher an der Ostflanke des Yerupaja (6635 m) kalbte noch 1979 in die Laguna Solteracocha, die von einer Endmoräne aus der Kleinen Eiszeit aufgestaut wird (Aufnahme von 1978). Heute erreicht die Zunge den See nicht mehr.

Dieser subglaziale Schmelzwassertunnel unter dem Pastoruri-Gletscher in der Cordillera Blanca entstand bei einem plötzlichen Ausbruch eines eisgestauten Sees.

wurde bei mehreren gefährlichen Gletscherseen der Ausfluss künstlich tiefer gelegt und mit einem Schutzdamm befestigt. Dazu musste jeweils zunächst eine Straße durch unwegsames Gelände und in Höhen von über 4000 Metern gebaut und schweres Gerät herangeschafft werden.

Der Rückgang des sogenannten «Gletschers Nummer 513a» (die Zahl beruht auf dem peruanischen Gletscherinventar) in den 1970er-Jahren ließ die Bildung eines neuen, potenziell sehr gefährlichen Sees oberhalb der Stadt Carhuaz erwarten. Glaziologen empfahlen deshalb zunächst, einen Teil der Bevölkerung mehrerer Ortschaften umzusiedeln. Diese leistete aber aufgrund schlechter Erfahrungen Widerstand. Der Wiederaufbau nach dem Erdbeben von 1970 war nämlich noch immer nicht abgeschlossen. In der Folge entstand der See tatsächlich. Tausende Menschen lebten nun mitten in der Gefahrenzone. Nach einem erfolglosen Versuch, das Wasser mittels einer siphonartigen Einrichtung abzulassen, wurde der Abfluss durch einen künstlichen Kanal um fünf Meter tiefer gelegt. Zwar kam es 1991 trotzdem zu einem kleineren Ausbruch, der jedoch kaum Schaden verursachte. Eine weitere Absenkung um zwanzig Meter gelang schließlich durch das Bohren einer Serie von Tunneln durch die Moräne und den Felsuntergrund. Eine ähnliche Technik war früher bereits an der größeren Laguna Parón erprobt worden (Bild S. 183). «See Nummer 513» galt seither als sicher, wurde aber weiterhin überwacht. Überraschend brach am 11. April 2010 ein Hängegletscher vom Nevado Hualcán ab, und zwischen 200 000 und 400 000 Kubikmeter Eis stürzten in den See. Dies verursachte eine 25 Meter hohe Schwallwelle. Trotz des abgesenkten Seespiegels flossen rund eine Million

Laguna Llaca, ein gefährlicher, von einer hohen Endmoräne aus der Kleinen Eiszeit gestauter Gletschersee am Fuß der Ocshapalca in der Cordillera Blanca.

Der künstlich vertiefte und mit einem Damm gesicherte Ausfluss der Laguna Llaca soll Gletscherhochwasser verhindern, welche die Stadt Huaraz gefährden könnten.

Laguna Parón nach dem Absenken des Seespiegels mittels eines Tunnels beim Seeausgang. Man erkennt gut die frühere, zwanzig Meter höher gelegene Strandlinie. Im Hintergrund erheben sich die prachtvollen Gipfel des Nevado Piramide (5885 m; mit Wolke) und Nevado Chacraraju (6001 m).

Kleine Eislawine von der steilen Ostflanke des Nevado Chacraraju. Stürzen Eislawinen in moränengestaute Seen, können sie Wellen verursachen, die unter Umständen zu einem Seeausbruch führen.

Kubikmeter Wasser aus. Das Hochwasser zerstörte talabwärts Ackerland, Häuser, Brücken, Straßen und Nutztiere. Dennoch gab es unter der Bevölkerung keine Todesopfer. Die Absenkung des Sees hatte also eine weitaus größere Katastrophe verhindert.

Am Fuß des Nevado Huandoy (6395 m) staut der quer ins Tal einmündende, schuttbedeckte Gletscher Hatunraju mit seiner Moräne die lang gezogene Laguna Parón. Weitere gefährliche Gletscherseen befinden sich links hinten im Tal.

Kalbende Stirn des Glaciar Grey im Parque Nacional Torres del Paine, Chile. Über den Lago Grey gelangen Touristen auf Ausflugsbooten bis nahe an die Kalbungsfront.

Rechte Seite: Die markanten Granittürme der Torres del Paine sind Erosionsreste zwischen tiefen, von eiszeitlichen Gletschern ausgeschliffenen Trogtälern.

entsteht, der schließlich einstürzt. Das spektakuläre Schauspiel wird von Schaulustigen jeweils sehnlich erwartet. Die Durchbrüche ereignen sich normalerweise nur einmal alle paar Jahre, zum Beispiel 2004, 2006, 2008 und 2012. Allerdings bietet die mehr als siebzig Meter über den Seespiegel aufragende, kalbende Gletscherstirn auch sonst ein eindrückliches Schauspiel. Doch sind manchmal einige Stunden Wartezeit angesagt, bis ein wirklich großer Eisabbruch erfolgt.

9

Antarktis

Vorhergehende Doppelseite: Meereis in der Nähe des McMurdo-Schelfeises im westlichen Rossmeer; im Hintergrund erkennt man den inaktiven Vulkan Mount Discovery, der nach einem Schiff von Scotts erster Expedition benannt ist.

Gestrandeter Eisberg bei der Forschungsstation Rothera (UK) auf Adelaide Island vor der Antarktischen Halbinsel. Die Höhe über der Wasserlinie beträgt mindestens fünfzig Meter.

Antarktika ist ein Kontinent der Superlative, von allen Landmassen der Erde ist er die kälteste, windreichste, trockenste und höchste. Einschließlich der Schelfeisgebiete und Inseln beträgt seine Fläche 13,8 Millionen Quadratkilometer, er ist damit so groß wie die USA und Mexiko zusammen. Allerdings sind weniger als drei Promille oder 45 000 Quadratkilometer eisfrei, also nur wenig mehr als die Fläche der Schweiz.

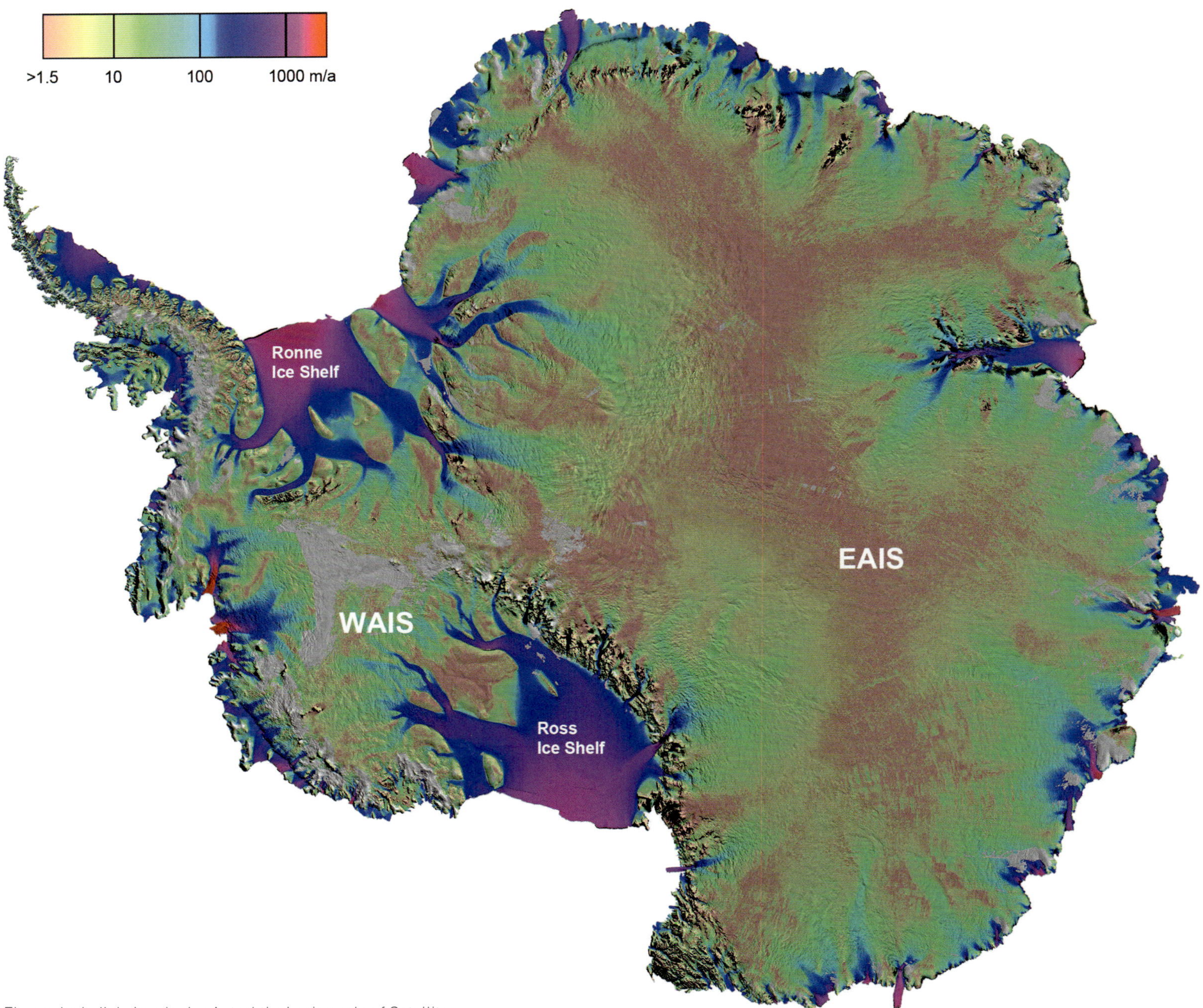

Eisgeschwindigkeiten in der Antarktis, basierend auf Satelliten-Fernerkundung. Von den höchsten Bereichen des Ostantarktischen (EAIS) und Westantarktischen Eisschilds (WAIS) fließt das Eis zunächst sehr langsam ab (orange), beschleunigt dann leicht (grün) und gelangt schließlich durch schnell fließende Eisströme (blau) in die Schelfeise (violett). Die Skala gibt die Fließgeschwindigkeiten in Metern pro Jahr an.

Die riesigen Dimensionen der lebensfeindlichen Weiten Antarktikas lassen sich erst aus dem Flugzeug erahnen. Aus dem Eisschild der Antarktischen Halbinsel fließt der Eureka Glacier (unten) in den von Meereis bedeckten König-Georg VI.-Sund. Im Hintergrund erheben sich die Gebirge auf Alexander Island.

Eisschilde, Schelfeise und Eisberge

Messungen der Eisdicken – die größte beträgt 4776 Meter – haben ergeben, dass es in der Antarktis insgesamt 25,4 Millionen Kubikkilometer Gletschereis gibt. Geschmolzen, wäre dies genug, um das Mittelmeer mehr als fünfmal mit Wasser zu füllen! Würde diese immense Eismasse vollständig abschmelzen, stiege der Meeresspiegel um sechzig bis siebzig Meter. Antarktika hat einen starken Einfluss auf das Klimasystem der Südhemisphäre. Im Südwinter überziehen sich die südpolaren Meere mit so viel Packeis, dass sich die effektive Eisfläche des Kontinents sogar noch verdoppelt.

Der Ostantarktische Eisschild speist schnell fließende Eisströme, deren Oberflächen von undurchdringlichen Spaltenzonen durchsetzt sind, wie diese westlich der Station Casey.

Der Löwenanteil des antarktischen Eises befindet sich in drei Eisschilden: dem Ostantarktischen und dem Westantarktischen Eisschild sowie auf der Antarktischen Halbinsel. Aus diesen strömt das Eis nicht gleichförmig nach allen Seiten ab, sondern wird durch das Relief des Untergrunds in schnell fließende Eisströme kanalisiert, ähnlich, wie wir es von Grönland her kennen. Manche vereinen sich in Buchten und bilden sogenannte **Schelfeise**, das sind riesige, im Meer schwimmende Eisplatten. Nicht zu verwechseln sind sie mit dem Packeis, das aus gefrorenem Meerwasser entsteht und viel dünner ist. Die beiden größten Schelfeise, das Ross- und das Ronne-Schelfeis, sind größer als Deutschland (Bild S. 198).

Der Ostantarktische Eisschild, bei Weitem der größte der drei, erreicht im Dome Argus eine Meereshöhe von 4093 Metern. Nahe bei diesem Kulminationspunkt befindet sich die russische

Forschungsstation Wostok. Hier wurde 1983 mit minus 89,2 Grad Celsius der Kälterekord der Erde gemessen. Trotz der extrem tiefen Temperaturen an der Oberfläche gibt es unter dem Eis flüssiges Wasser. Neuere Modellrechnungen zum Wärmefluss aus dem Erdinnern haben ergeben, dass rund sechzig Prozent des Ostantarktischen Eisschilds temperiert, also am Bett nicht angefroren, sind. Eine besonders erstaunliche Folge davon ist die Existenz subglazialer Seen. Sie wurden erstmals durch Radarmessungen entdeckt. Der bekannteste subglaziale See ist der 230 Kilometer lange und fünfzig Kilometer breite Wostoksee. Im Februar 2012 erreichte eine russische Bohrung durch 3720 Meter dickes Eis seine Oberfläche. Angeblich verfügen die russischen Wissenschaftler inzwischen über Techniken zur Entnahme von Wasserproben, ohne den See zu kontaminieren. Das Projekt ist bei Fachleuten allerdings umstritten, da einige befürchten, dass biologische Fremdstoffe in diesen für die Wissenschaft eminent wichtigen Wasserkörper gelangen könnten. Dieser ist möglicherweise seit 15 Millionen Jahren von der Umwelt vollständig isoliert und könnte Organismen aus längst vergangenen Zeiten enthalten.

Das deutsche Forschungsschiff MV Polarstern ist als leistungsstarker Eisbrecher konzipiert. Am Ekström-Schelfeis vertäut versorgt es die Station Neumayer.

Auf dem McMurdo-Schelfeis haben sich zu Beginn des Sommers türkisfarbene Schmelzwasserseen gebildet. Die Größenverhältnisse zeigt ein Raupenfahrzeug (rechts oben).

Die Eisschilde der Antarktis sind auch unschätzbar wertvolle Klimaarchive. An Eisbohrkernen kann der atmosphärische Anteil von Kohlendioxid, Methan, Stickoxiden und anderen Gasen längst vergangener Zeiten gemessen werden. Untersucht wird dies anhand winziger Lufteinschlüsse in den Eisschichten. Die ältesten Werte stammen derzeit aus der Bohrung EPICA (European Ice Core Project in Antarctica), die von einem europäischen Staatenzusammenschluss finanziert und durchgeführt wurde. Sie reichen über 800 000 Jahre in die Vergangenheit zurück und belegen die bekannten Zyklen von Glazialen und Interglazialen. Im Wechsel dieser Kalt- und Warmzeiten schwankte der Kohlendioxidanteil der Atmosphäre zwischen 180 und 300 ppm (parts per million), also Millionstel Volumenanteil. Nach dem Ende der letzten Kaltzeit und bis zum Beginn der Industriellen Revolution verharrte dieser um 280 bis 290 ppm. Durch

Dieses merkwürdige Gebilde auf dem McMurdo-Schelfeis ist ein Meeresschwamm. Er gelangte durch das Eis hindurch zur Oberfläche. Dieser Prozess kann mehr als 10 000 Jahre gedauert haben.

den Verbrauch fossiler Brennstoffe und die weltweite Entwaldung stieg er anschließend bis auf 389 ppm im Jahr 2012. Kohlendioxid trägt am stärksten zur künstlichen, also vom Menschen verursachten, globalen Klimaerwärmung bei.

Während sich die Basis des Ostantarktischen Eisschilds zum großen Teil über Meeresniveau befindet, liegt diejenige des Westantarktischen mehrheitlich darunter. Zwar ist der Westantarktische Eisschild durchschnittlich nur halb so dick und hat ein zehnmal kleineres Volumen als der Ostantarktische, da sein Felsbett aber unter dem Meeresspiegel liegt, könnte er instabil sein. Seine Schelfeise könnten sich, ähnlich wie diejenigen der Antarktischen Halbinsel, auflösen (siehe unten), worauf er ausdünnen, aufschwimmen und sich in Eisberge auflösen würde. Die Folge wäre ein rasanter Anstieg des Meeresspiegels um mehr als drei

Bei diesem Eisberg ist gut zu erkennen, dass der unter Wasser liegende Teil viel größer ist als derjenige über der Wasserlinie. Prince Gustav Channel, Antarktische Halbinsel.

Die Eisschilde der Antarktis werden durch sehr geringe Schneefälle auf allen Höhenstufen genährt. Ablation durch Eisschmelze ist vernachlässigbar. Der überwiegende Teil des Eisverlusts erfolgt durch Kalbungen. Die größten Eisberge entstehen durch die Ablösung von Schelfeisen. Als Tafeleisberge können sie im Südpolarmeer, angetrieben von Wind- und Meeresströmungen, jahrelang herumdriften. Manche wurden in letzter Zeit vor der Südspitze Südamerikas und bei Südafrika gesichtet. Als einige gar in die Nähe Neuseelands kamen, flogen ein paar beherzte Glaziologen mit Helikoptern dorthin, um günstig an Eisproben zu kommen. Der größte bisher beobachtete Tafeleisberg, der die Bezeichnung «B15» trägt, löste sich im März 2000 vom Ronne-Schelfeis. Er war 295 Kilometer lang und zwischen 100 und 350 Meter dick. Mit einer Fläche von 11 000 Quadratkilometern war er größer als die Mittelmeerinsel Korsika!

Der Rand dieses Tafeleisbergs in der Nähe der James-Ross-Insel ragt etwa dreißig Meter über die Wasserlinie auf. Sein Tiefgang dürfte somit rund 250 Meter betragen.

Dieser mittelgroße Tafeleisberg ist mehrere Hundert Meter lang und driftet entlang der Küste der Antarktischen Halbinsel, die im Hintergrund erkennbar ist.

Transantarktisches Gebirge und Trockentäler

Das Transantarktische Gebirge gehört mit einer Länge von 3300 Kilometern zu den bedeutendsten Gebirgen der Welt, obwohl ein Großteil unter dem Eis verborgen liegt. Seinen höchsten Punkt erreicht es im Mount Kirkpatrick (4528 Meter) in der Queen Alexandra Range. Anders als die Anden, der Himalaja oder die Alpen entstand es nicht als Folge einer Plattenkollision, sondern weil der Kontinent Antarktika «versucht», sich in zwei Teile aufzuspalten. Die entsprechende Dehnung führt zur Bildung eines gewaltigen Grabenbruchs, an dessen Rändern plateauartige Gebirgsmassen angehoben werden. Das Transantarktische Gebirge wird von riesigen Quertälern durchbrochen, durch die mächtige Auslassgletscher vom Ostantarktischen Eisschild herunterfließen und das Ross-Schelfeis nähren. Ihre Namen erinnern an Südpolarforscher, darunter Amundsen, Scott, Shackleton, Beardmore und Byrd.

Eine Kuriosität dieses Gebirges sind Spuren einer Vergletscherung in mittleren Höhenlagen, die heute eisfrei sind: Auffällige **Kare**, also von kleinen Gebirgsgletschern ausgeschürfte Mulden, sind heute frei von Eis, weil das Klima zu trocken ist, um dort Gletscher zu erhalten. Spärlich fallender Schnee wird von stürmischen Winden aus den Karen herausgefegt. Sie dürften entstanden sein, als die Antarktis wärmer und niederschlagsreicher war als heute. Darauf weisen auch Sedimentgesteine hin, die am Rand des Beardmore Glacier gefunden wurden: Sie enthalten Fossilien von Scheinbuchen. Das zeigt, dass es dort einmal rund zwanzig Grad Celsius wärmer gewesen sein muss als heute. Die Klimabedingungen waren somit ähnlich wie im heutigen Patagonien.

Wir haben bereits oben beschrieben, wie klein die eisfreien Gebiete Antarktikas sind. Dennoch erreichen einige unvergletscherte Zonen Flächen von bis über zehn Quadratkilometern. Manche Forscher bezeichnen sie zwar als «Oasen», doch sind sie denkbar lebensfeindlich. Nirgendwo auf der Erde können Umweltbedingungen studiert werden, die denjenigen auf dem Mars ähnlicher sind. Diese **antarktischen Trockentäler** bilden sich, weil es dort für die Entstehung von Gletschern zu wenig Niederschlag gibt. Über steile Seitenflanken fließen einige kleinere Gebirgstäler in sie hinein (Bild S. 211). Ihre Ablation erfolgt fast ausschließlich bei Minustemperaturen durch **Sublimation**, also direktes Verdunsten des Eises, und durch lokale Schmelzprozesse, die von der starken Sonneneinstrahlung selbst bei mehreren Grad Celsius unter null verursacht werden. Dadurch entsteht eine grotesk anmutende Landschaft mit Sanddünen, windpolierten Felstrümmern, blendend weißen Gletscherzungen, bizarren Eisnadeln und eisbedeckten Seen. Letztere enthalten einzigartige Ökosysteme. Die meisten sind stark salzhaltig und gefrieren erst bei Temperaturen unter minus zwölf Grad Celsius. Allerdings wird das Wasser mit zunehmender Tiefe bei einigen Seen immer wärmer, weil sich unter der Eisdecke eine Art Treibhauseffekt einstellt. Es kann Temperaturen um zwanzig Grad Celsius erreichen und beherbergt Algenkolonien, sogenannte Stromatolithen. Diese zählen zu den

Linke Seite oben: Der Liv Glacier durchquert das Transantarktische Gebirge mit seinen 4000 Meter hohen Bergen, von denen nur die obersten Spitzen über die Eisoberfläche herausragen.

Linke Seite unten: Roberts Massif ist eine der am Südpol nächsten eisfreien Stellen der Erde auf 85 Grad südlicher Breite. Vom Polarplateau kommende Sturmwinde haben diese pilzförmigen Eisgebilde geformt, von denen jedes mehrere Meter hoch ist.

Satellitenbild der Trockentäler in Victoria Land, dem größten eisfreien Gebiet der Antarktis (Süden ist oben).

Vor der Stirn des Wright Lower Glacier in einem Trockental werden Moränen zusammengestaucht und von Sanddünen überdeckt.

Trotz der extremen Kälte gibt es an der Zunge des Wright Lower Glacier ein wenig Eisschmelze. Das Wasser speist den Onyx River, das größte Fließgewässer der Antarktis.

ältesten Lebensformen der Erde. Manche Wissenschaftler halten Seen der antarktischen Trockentäler für das beste Modell für Umweltbedingungen, die während der Zeit von «Snowball Earth» geherrscht haben (vgl. Kapitel 1).

Die Gletscher in den Trockentälern sind durch und durch **kalt**, das heißt, sie sind an ihrem Bett angefroren und bewegen sich sehr langsam und hauptsächlich durch interne Deformation. Lange Zeit glaubte man, dass sie die Landschaft kaum abtragen oder sie sogar vor Erosion – zum Beispiel durch Wind – schützen. Anders sieht dies Sean Fitzsimons von der University of Otago, Neuseeland. Einer der Autoren (Michael Hambrey) konnte 2001 mit ihm im Feld zusammenarbeiten. Mit einer Kettensäge hatte Fitzsimons einen Tunnel seitlich in den Taylor Glacier geschnitten und einen vertikalen Schacht bis zum Gletscherbett gegraben (Bild S. 215). Darin konnte er die interne Verformung des Eises beobachten und nachweisen, dass selbst dieser kalte Gletscher Blöcke gefrorenen Sandes in sich aufnimmt und so eine gewisse Abtragungs-

Sublimation auf dem Wright Lower Glacier lässt bizarre Eisnadeln entstehen. Windverfrachteter, dunkler Sand absorbiert dazwischen die Sonneneinstrahlung und verursacht minime Eisschmelze.

wirkung entfaltet. Die Sedimente gelangen sogar entlang von Verwerfungen durch das Eis bis an die Gletscheroberfläche. Außerdem fanden sich gut ausgebildete Moränen. Der Gletscher modifiziert also – entgegen der bisherigen Lehrmeinung – auch im extrem kalten Klima der Antarktis seine Umgebung.

In einem künstlich in den Taylor Glacier gehauenen Tunnel untersuchen Glaziologen Prozesse am Gletscherbett. Im Hintergrund ist der Rhone Glacier zu erkennen, der nach dem Rhonegletscher in den Schweizer Alpen benannt ist.

Der neuseeländische Glaziologe Sean Fitzsimons bestimmt in einem künstlichen Schacht die Verformung des Eises. Die Pflöcke in der Wand befanden sich ursprünglich in einer geraden Linie.

In die antarktischen Trockentäler gelangt man fast ausschließlich mit Helikoptern von der amerikanischen Station McMurdo aus. Im Hintergrund liegt die Stirn des Taylor Glacier.

Bohreinrichtung einer neuseeländischen Forschergruppe während eines Schneesturms im Rossmeer.

Blick in die ferne Vergangenheit

Von Eiskernen wissen wir, dass die antarktischen Eisschilde Informationen zu Klimaveränderungen über mindestens die letzten 800 000 Jahre bergen. Aber wie war das Klima vor Jahrmillionen? Um ein genaues Bild davon zu erhalten, müssen wir paradoxerweise auf das Meer hinausgehen. Dort gibt es Sedimente, die einmal abgelagert, nicht wie diejenigen auf dem Land durch spätere Erosionsprozesse wieder verschwinden. Zur Probenentnahme unternahmen mehrere internationale Forschergruppen Bohrungen in den Meeresuntergrund.

Zuvor kannte man vor allem die Ablagerungen des Eiszeitalters in der Nordhemisphäre, die «nur» etwas mehr als 2,5 Millionen Jahre zurückgehen. Man nahm an, dies würde in der Antarktis ähnlich sein. Überraschenderweise zeigten die Bohrkerne des «Deep Sea Drilling Project», dass die Vergletscherung Antarktikas mindestens dreißig Millionen Jahre alt ist. Spätere Bohrungen ergaben, dass der Beginn der Vereisung noch weiter zurück liegt, nämlich 34 Millionen Jahre. Dies ist der Übergang von der geologischen Serie des Eozäns zum Oligozän, als das Erdklima von einem Treibhaus- zu einem «Eishausklima» zu kippen begann.

Einer der Autoren (Michael Hambrey) war als Glazialgeologe an drei Bohrkampagnen beteiligt und verantwortlich für die Interpretation der Bohrkerne. Die «Cenozoic Investigations of the Ross Sea» der Victoria University of Wellington in Neuseeland im Jahr 1986 war die spannendste dieser Expeditionen. Es war vorgesehen, 350 Meter tief zu bohren. Allerdings stand nur eine improvisierte Einrichtung zur Verfügung, welche die Neuseeländer auf einem Schrotthaufen der amerikanischen McMurdo-Station zusammengelesen hatten. Schneetraktoren zogen das Material über das zugefrorene Meer vor den Jerrar Fjord, während an Land bei Butter Point ein Camp errichtet wurde. Gebohrt wurde im antarktischen Frühling bei Temperaturen um minus dreißig Grad Celsius. Im Sommer wäre es zwar angenehmer gewesen, doch hätte es dann kein Meereis gegeben, um darauf einen Bohrturm zu stationieren. Die angepeilte Tiefe von 350 Metern basierte auf seismischen Untersuchungen. Dort, so nahm man an, liege der Übergang von Sedimenten gemäßigter zu kaltzeitlichen Bedingungen. Als wir diese Tiefe erreicht hatten, förderten wir aber weiterhin glaziale Sedimente ans Tageslicht. Das neuseeländische Team gab aber nicht auf. Mit bewundernswertem Einfallsreichtum gelang es ihm, die veraltete, mehr oder weniger aus Abfall zusammengebastelte Ausrüstung weiterhin in Gang zu halten. Endlich konnten wir bei einer Tiefe von 702 Metern aufhören, denn ab 700 Metern waren wir sicher, die Untergrenze der von Gletschern geprägten Ablagerungen erreicht zu haben. Wir hatten sogar einen Tiefenrekord für marine Bohrungen in der Antarktis aufgestellt, der erst zwanzig Jahre später gebrochen werden sollte.

Die Analyse der Bohrkerne war aufregend und bot viele Überraschungen. Zum Beispiel fanden wir das fossile Blatt einer Scheinbuche *(Nothofagus)*, und zwar aufgrund eines Missgeschicks. Als ich den Bohrkern fotografierte, brach er auseinander. Das war mir äußerst peinlich, bis ein Kollege bemerkte, dass der Kern genau durch die Ebene des Blattes entzweigegangen war! Dieses wurde später auf ein Alter von dreißig Millionen Jahre datiert und war in glaziale Sedimente eingebettet. Vielleicht war es in einen Gletscherbach gefallen, ins Meer

Der Geologe Paul Robinson analysiert einen Bohrkern aus den Sedimenten vom Meeresboden.

Diese Bohrkerne aus dem westlichen Rossmeer stammen aus einer Tiefe von 376 Metern unter dem Meeresgrund. Sie wurden abgelagert, als es in der Antarktis bedeutend wärmer war als heute.

Die Hütte von Scotts letzter Expedition bei Cape Evans im McMurdo Sound wird heute vom Antarctic Heritage Trust verwaltet.

Im Innern der Hütte bei Cape Evans. Auf dem Labortisch von Edward Wilson liegt ein toter Kaiserpinguin, wie er zur Konservierung vorbereitet wurde. Das offene Notizbuch und die Zeitschrift lassen erahnen, dass die Mannschaft das Gebäude überstürzt verlassen musste.

In der Hütte der britischen Shackleton-Expedition von 1907–1908 auf Cape Royds. Hinter Kisten mit Lebensmittelvorräten erkennt man verschiedene Kochutensilien.

gespült und dort in einem Delta abgelagert worden. Wir hatten damit bewiesen, dass das Klima in der Antarktis zunächst ganz ähnlich war wie im heutigen Patagonien, nämlich kühl, feucht und windig. Es gab zweifellos Gletscher, doch waren diese temperiert und flossen schnell (vgl. Bild S. 190). Dann folgte eine Abkühlung, und Tundra breitete sich aus. Die Gletscher wurden polythermal, so wie wir sie heute in Grönland und Spitzbergen vorfinden. Der Übergang zu sehr kalten und trockenen Verhältnissen erfolgte erst vor rund zwei Jahrmillionen. Diese polaren Klimabedingungen dauern bis heute an.

Spätere Bohrprojekte haben dieses Bild der Klimageschichte der Antarktis bestätigt und ergänzt. Mittlerweile ist auch klar, dass die Eisschilde mehrmals gewachsen sind, aber auch Schwundphasen durchlaufen haben. Dies taten sie als Reaktion auf Klimaschwankungen, die auf periodisch auftretende Veränderungen in der Erdumlaufbahn um die Sonne zurückzuführen sind. Einige Lücken bleiben in unseren Kenntnissen aber noch immer. Nach wie vor ist nicht bekannt, wann der Ostantarktische Eisschild seinen heutigen, stabilen Zustand erreicht hat. Die Antworten auf solche Fragen sind vor dem Hintergrund der aktuellen globalen Klimaerwärmung von großer Bedeutung: Steigende Temperaturen führen unseren Planeten in einen neuen Zustand, der die Eisschilde der Antarktischen Halbinsel, der West- und vielleicht sogar der Ostantarktis destabilisieren könnte. Ihre Veränderungen in der Vergangenheit zu verstehen, ist eine wichtige Grundlage dafür, auch ihre zukünftige Entwicklung vorauszusagen.

Der untere Teil des Beardmore Glacier beim Mount Kyffin (oben rechts) ist von unzähligen Spalten durchzogen und vermittelt einen Eindruck von den Strapazen, die Scott und seine Begleiter auf ihrem Weg zum Südpol auf sich nahmen.

Beschwerlicher Weg zum Südpol

Die Geschichte der Erforschung der Antarktis ist jünger als diejenige aller anderen Kontinente. Erst im Januar 1895 betraten Mitglieder einer norwegischen Walfangexpedition erstmals antarktisches Festland. Von 1895 bis 1922 folgten wissenschaftliche Expeditionen aus Belgien, Deutschland, Großbritannien, Frankreich, Schweden, Norwegen und Japan. Von 1907 bis 1909 leitete Shackleton die britische Antarktisexpedition «Nimrod». Seine Mannschaft entdeckte den geomagnetischen Südpol, bestieg als erste den aktiven Vulkan Erebus und eröffnete eine Route über das Ross-Schelfeis, den Beardmore Glacier und das Südpolarplateau zum Südpol. Die Männer mussten nach heroischen Anstrengungen allerdings auf 88 Grad 23 Minuten Süd, lediglich 180 Kilometer vom Ziel entfernt, aufgeben und schafften mit letzter Kraft nur knapp die Rückkehr.

Robert Falcon Scott leitete 1910 bis 1913 eine weitere britische Expedition namens «Terra Nova». Es war seine zweite in die Antarktis. Unterwegs erfuhr er, dass der Norweger Roald Amundsen sich ebenfalls auf dem Weg befand. Dieser hatte kurzerhand sein Ziel geändert, nachdem Peary oder Cook angeblich sein ursprüngliches Ziel, den Nordpol, vor ihm erreicht hatten. Während es Amundsen ausschließlich darum ging, als Erster den Südpol zu erreichen, hatte Scotts Expedition vor allem wissenschaftlichen Charakter. Scott entschied sich, die Forschungsarbeiten nicht durch einen «Wettlauf zum Südpol» kompromittieren zu lassen, und hielt sich an seinen ursprünglichen Zeitplan. Während Amundsen mit Hundeschlitten die kürzest mögliche Route über den Ostteil des Ross-Schelfeises und den Axel-Heiberg-Gletscher wählte, folgte Scotts Gruppe der weiter westlich gelegenen Route Shackletons. Zunächst musste sie mehr als 700 Kilometer auf dem Ross-Schelfeis zurücklegen, auf dieser Strecke noch von Hilfsmannschaften unterstützt. Das Transantarktische Gebirge durchquerten sie zu fünft (Scott, Bowers, Evans, Oates, Wilson), indem sie sich wochenlang und 200 Kilometer weit über den von endlosen Spaltenfeldern durchzogenen Beardmore Glacier bis zum Polarplateau hochkämpften. Zur furchtbaren Kälte und dem fast pausenlosen Wind kam nun als weitere Belastung die auf rund 3000 Metern Meereshöhe merklich dünnere Luft hinzu.

Die Enttäuschung der erschöpften, von Kälte und Entbehrungen gezeichneten Männer kann man sich kaum vorstellen, als sie nach 78 Tagen Plackerei zwar den Südpol erreicht hatten, aber feststellen mussten, dass ihnen Amundsen zuvorgekommen war. Obwohl Scott in erster Linie als Forscher unterwegs war, hatte er dennoch gehofft, den Pol mit seinen Begleitern als Erster zu erreichen. Er notierte in sein Tagebuch: «Das Schlimmste ist eingetreten [...] Alle Träume sind dahin [...] Großer Gott! Dies ist ein schrecklicher Ort.» Auf dem Rückweg herrschte außerordentlich kaltes Wetter,

Am Fuß dieses von Winderosion gezeichneten Felsens campierte 1908 das Team von Shackleton und 1911/1912 dasjenige von Scott. Ganz in der Nähe verstarb Edgar Evans auf dem Rückmarsch vom Südpol.

10

Neuseeland

Vorhergehende Doppelseite: Der dampfende Kratersee des Vulkans Ruapehu auf der Nordinsel Neuseelands ist von kleinen Gebirgsgletschern umgeben. Auf ihnen liegt Asche vom Ausbruch des Jahres 2007.

Nach Kalbungen des Tasman Glacier, des größten Gletschers Neuseelands, sammeln sich mächtige Eisberge beim Ausfluss des Zungenbeckensees.

Eine Aufnahme des Satelliten Landsat 7 vom 31. März 2001 zeigt die vergletscherten Neuseeländischen Alpen. Links der Bildmitte ist der teilweise schuttbedeckte Tasman Glacier zu erkennen, links unten ein Teil des Lake Pukaki. Die Landschaft ist im Nordwesten (links oben) infolge größerer Niederschlagsmengen grüner als im Südosten.

Neuseeland liegt in einer der geologisch aktivsten Zonen der Welt. Entlang einer Nahtstelle zwischen der Australischen Platte im Westen und der Pazifischen im Osten entstanden auf der Nordinsel prächtige Vulkankomplexe und auf der Südinsel die Neuseeländischen Alpen. Die Gletscher der Nordinsel sind heute nur noch klein, aber wegen des Zusammenspiels mit Vulkaneruptionen trotzdem interessant. Große Gletscher gibt es ausschließlich auf der Südinsel in der Region des Mount Cook (3754 Meter). Der höchste Berg Neuseelands ist nach dem britischen Entdecker und Weltumsegler James Cook benannt. Da heute die Sprache der indigenen Maori gleichberechtigt behandelt wird, heißt er auch Aoraki. Im lokalen Maoridialekt bedeutet dies etwa so viel wie «Wolkendurchbohrer». Die offizielle Bezeichnung lautet Aoraki/Mount Cook. Die bekanntesten Gletscher sind der Tasman Glacier (20 Kilometer lang) auf der Südostseite des Mount Cook sowie der Fox Glacier (13 Kilometer) und der Franz Josef Glacier (12 Kilometer) im Nordwesten. In allen anderen Teilen Neuseelands sind die Gletscher wesentlich kleiner.

Vom Vorstoß zum raschen Schwund

Der Massenhaushalt der neuseeländischen Gletscher wird stark vom Niederschlag beeinflusst. Steile Gletscher auf der Nordwestseite der Hauptwasserscheide reagieren außergewöhnlich schnell, wenn die Schneefallmenge zu- oder abnimmt. Es sind typische Vertreter des maritimen Typs mit beträchtlichen Massenumsätzen und einer raschen Zunahme der Massenbilanz mit der Höhe. Dies hat große Eisgeschwindigkeiten zur Folge, die sich in kaum passierbaren Spaltenzonen manifestiert. Fox Glacier und Franz Josef Glacier gehören zu den touristischen Hauptattraktionen Neuseelands, denn ihre Zungen erreichen beinahe Meereshöhe und sind bequem zugänglich. Von den Zufahrtsstraßen gelangt man über kurze Wanderwege zu ihrer Stirn. Mehrere Hunderttausend Personen besuchen sie alljährlich. Leider ist es in der Vergangenheit wiederholt zu Unfällen gekommen, weil sich manche Touristen der steil aufragenden Eisfront genähert oder sich sogar ins Gletschertor vorgewagt haben. Gemäß Zeitungsberichten ignorieren bis zu einem Drittel aller Besucherinnen und Besucher die deutlich sichtbaren Warntafeln und überschreiten die Absperrungen (Bild S. 233). Am 8. Januar 2009 kamen zwei australische Touristen ums Leben, als etwa hundert Tonnen Eis auf sie niederstürzten. Solche Ereignisse sind nicht nur tragisch, sondern auch deshalb bedauerlich, weil geführte halb- oder ganztägige Touren angeboten werden, bei denen selbst alpinistisch Unerfahrene über sorgfältig präparierte Routen auf die Zungen geführt werden und die Gletscher «hautnah» und gut gesichert erleben können (vgl. Themenkasten S. 234–237).

Weil es auf der Westseite der Neuseeländischen Alpen häufig und ergiebig regnet, braucht es eine gehörige Portion Wetterglück, um die zwei Gletscher bei Sonnenschein sehen zu

Der Lake Matheson nahe der Tasmansee ist ein Relikt aus der letzten Eiszeit. In ihm spiegelt sich die höchste Erhebung Neuseelands, der stark vergletscherte Mount Cook.

Der Fox Glacier fließt auf der Nordwestseite der Neuseeländischen Alpen zum Tiefland vor der Tasmansee, die man ganz hinten erkennt. Der Gletscher zeichnet sich durch großen Massenumsatz und hohe Fließgeschwindigkeit aus.

Ein Tiefblick vom Flugzeug aus zeigt ein Labyrinth von Gletscherspalten und Séracs in einer steilen Partie des Fox Glacier.

können. Beide sind besonders attraktiv, weil ihre Zungen zwischen Regenwäldern mit üppiger Vegetation enden. Bemerkenswert waren in den letzten Jahrzehnten ihre Längenveränderungen: Beide stießen in den 1990er-Jahren und zu Beginn des 21. Jahrhunderts zügig vor. Dies geschah als Reaktion auf positive Massenbilanzen infolge einer vorübergehenden regionalen Abkühlung. Allerdings schwinden beide Zungen seit etwa 2010 wieder.

Da die vorherrschenden Winde die Neuseeländischen Alpen aus westlicher Richtung anströmen, fallen die Niederschläge im Westen reichlicher, im Osten spärlicher. So kann es durchaus sein, dass man südöstlich des Mount Cook föhnig aufgehelltes, wenn auch windiges Wetter vorfindet, während es auf der Westseite in Strömen regnet. Deshalb haben die Gletscher auf der Ostseite, wie der Tasman, Mueller und Hooker Glacier, kleinere Massenumsätze als diejenigen im Westen. Dank gewaltiger eisfreier Felswände an ihren Seiten und geringerer Fließgeschwindigkeit bilden sich auf ihren Zungen mächtige Decken aus Gesteinsschutt, sodass im Stirnbereich kaum mehr blankes Eis zum Vorschein kommt. Alle drei enden derzeit in Gletscherseen, die allerdings erst in den letzten Jahrzehnten infolge des Gletscherrückgangs hinter markanten Endmoränen entstanden sind.

Der Tasman Glacier verlor von 1987 bis 2007 ganze fünf Kilometer seiner Gesamtlänge. Er war 1987 noch rund dreißig Kilometer lang, hat also innerhalb von nur drei Jahrzehnten einen Sechstel seiner Länge eingebüßt. Sein massiver Schwund dauert an und wurde durch die Entstehung des Tasman Lake, des Gletschersees vor seiner Stirn, noch beschleunigt. 1987 gab es auf der Zunge nur unbedeutende kleine Wasserflächen. Doch dann tauchten bis mehrere Kilometer gletscheraufwärts erste trichterförmige Vertiefungen auf. Diese vergrößerten sich immer mehr, und einzelne wuchsen zu immer größeren Schmelzwasserseen zusammen. Glaziologen nennen dieses Phänomen **Thermokarst**, in Anlehnung an Kalkgestein, das sich langsam im Regenwasser auflöst. Während das Eis im Zungenbereich durch seine Schuttbedeckung einigermaßen gut vor der direkten Sonneneinstrahlung geschützt blieb, absorbierten die offenen Wasserflächen das einfallende Sonnenlicht. Konvektionsströmungen führten die Wärme an die steilen Eisränder und verstärkten deren Ablation. Es setzte eine positive Rückkoppelung ein: Je größer die Seen wurden, desto mehr beschleunigte sich der Gletscherschwund. Wanderwege, die einst zur Gletscherstirn führten, mussten gesperrt werden, weil sie durch instabile, durch Steinschlag und Murgänge gefährdete Ufermoränenabschnitte führten. Seither werden Touristen mit Motorbooten über den See gefahren, auf dem sich manchmal ein wahres Labyrinth tafelförmiger, eisblauer oder schuttbeladener Eisberge entwickelt. Gelegentlich ist es gar möglich, anzudocken und auf schwimmenden Eistafeln spazieren zu gehen (vgl. Bild S. 241).

Eine Warntafel vor der Stirn des Fox Glacier soll Touristen auf die Gefahren durch abbrechendes Eis, herunterstürzende Felsblöcke und Ausbrüche von Wassertaschen aufmerksam machen.

Vorstoß und Schwund des Fox Glacier: links 2006, Mitte 2007, rechts 2011.

Der Murchison River mäandriert frei auf der gesamten Talsohle und bildet dabei verzweigte Gerinne.

Für die charakteristische Türkis-färbung des Lake Pukaki sind feinst-Schwebestoffe verantwortlich, die m der Gletschererosion in Zusammen-hang stehen. Der markante Berg ir Hintergrund ist der Mount Cook

Der Milford Sound ist der bekanntest Fjord an der Küste Neuseelands Der Aufnahmestandort befindet sic auf dem Delta des Cleddau River, de das von Eiszeitgletschern weit unte den Meeresspiegel übertiefte Trogta langsam wieder aufschüttet. Recht hinten Mount Pembroke (2000 m) m einem kleinen Gebirgsgletsche

Durch diesen Canyon stürzte 1953 der Lahar vom Kratersee des Ruapehu zu Tal, bevor er die Eisenbahnbrücke von Tangiwei zerstörte. Im Bildvordergrund sind Ablagerungen eines jüngeren Schlammstroms vom 18. März 2007 zu erkennen.

Die längst wieder aufgebaute Eisenbahnbrücke bei Tangiwei kurz nach dem Niedergang eines kleinen Lahars am 18. März 2007.

Denkmal für die Opfer der Katastrophe von Tangiwei, bei der 151 Reisende den Tod fanden.

11

Himalaja und Karakorum

Vorhergehende Doppelseite: Blick über den Khumbu-Gletscher zum Nuptse (rechts mit aufgehender Sonne) und Everest-Westschulter. Links der Bildmitte ist der rund 600 Meter hohe Khumbu-Eisfall. Ganz links befindet sich das Everest-Basislager.

Durch den Rückgang des Imja-Gletschers entstanden ein großer und mehrere kleine Gletscherseen. Links oben der Lhotse (8516 m) mit Schneeverwehungen und der über 3000 Meter hohen Südwand.

Komplexes Netzwerk von riesigen Talgletschern im Karakorum, aufgenommen aus der Internationalen Raumstation; Bildbreite 56 Kilometer, Norden ist links oben. Der größte Gletscher in der unteren Bildhälfte ist der Siachen.

Der Himalaja, das höchste Gebirge der Welt, erstreckt sich über 3000 Kilometer von der afghanisch-pakistanischen Grenze im Westen bis nach Burma im Osten. Er bildet eine gewaltige Barriere zwischen den Tiefländern des indischen Subkontinents und dem Hochland von Tibet. Uneinigkeit herrscht darüber, ob der im Nordwesten anschließende, rund 500 Kilometer lange Karakorum dem Himalaja zuzurechnen oder als eigenes Hochgebirge zu verstehen sei. Manche Geografen bezeichnen beide zusammen als Karakorum-Himalaja. Seien es nun zwei oder doch nur ein Hochgebirge – nur hier gibt es Berge von über 8000 Metern Höhe, und zwar 14 insgesamt. Vier der Achttausender befinden sich im Karakorum, nämlich Hidden Peak, Broad Peak, Gasherbrum II und K2 (auch Chogori), Letzterer mit 8611 Metern der zweithöchste Berg der Erde. Die Achttausender des Himalaja befinden sich mit Ausnahme des Nanga Parbat alle im zentralen Teil, nämlich Mount Everest – mit 8848 Metern höchster Berg der Erde – Kanchendzönga, Lhotse, Makalu, Cho Oyu, Dhaulagiri, Manaslu, Annapurna I und Shishapangma.

Mittels Satellitenbildern wurde die Gesamtfläche der Vergletscherung auf etwa 40 800 Quadratkilometer bestimmt, was knapp der Fläche der Schweiz entspricht oder etwa dem 17-Fachen der vergletscherten Fläche der Alpen. Die meisten Gletscher liegen in abgelegenen, schwer zugänglichen Regionen, sind aber für die Bevölkerung als Süßwasserspeicher von erheblicher Bedeutung. Himalaja und Karakorum gelten als eigentliches Wasserschloss Südasiens. Rund 800 Millionen Menschen leben im Einzugsgebiet der Himalaja-Flüsse. Dass die größten Flüsse, der Indus in Pakistan, der Ganges und der Brahmaputra in Tibet und Indien, von der einheimischen Bevölkerung als Gottheiten verehrt werden, ist verständlich, wenn man sich die südasiatischen Klimaverhältnisse vor Augen führt: Während der alljährlich wiederkehrenden Trockenzeit im Winter und Frühjahr liefern sie lebenswichtiges Süßwasser, genährt vom Schnee und den Gletschern im Hochgebirge. Bewässert werden damit die oasenartigen Flussniederungen Pakistans ebenso wie die fruchtbaren Tiefebenen im Norden Indiens. Obwohl noch wenig entwickelt, besteht auch für die Wasserkraftnutzung ein erhebliches Potenzial.

Gletscher auf der Nordseite des Himalaja-Hauptkamms fotografiert aus der Internationalen Raumstation; Bildbreite 22 Kilometer. Der höchste Berg unten rechts ist der Langtang Ri, 7205 m. Links erkennt man hinter mächtigen Endmoränen zwei große, zugefrorene Gletscherseen. Beim Talgletscher rechts beginnt sich ein weiterer Gletschersee zu bilden.

Die Karakorum-Anomalie

Die bei Weitem längsten und flächengrößten Gletscher Südasiens befinden sich im Karakorum, darunter der 74 Kilometer lange Siachen-Gletscher, der Biafo-Gletscher (64 Kilometer) sowie der Baltoro-Gletscher (57 Kilometer). Einige haben Zungen, die bis auf eine Höhe von 2300 Meter über Meer hinunterreichen, weitaus tiefer als diejenigen des Himalaja, die meist schon oberhalb von 4800 Metern enden.

Anders als die Gletscher des Himalaja nähren sich diejenigen des Karakorum in erster Linie von Schneefällen im Winter. Die entsprechende Luftfeuchtigkeit stammt vom Atlantik, vom Mittelmeer und vom Kaspischen Meer. Ablation findet allerdings zu jeder Jahreszeit statt. Bemerkenswert ist, dass es im Karakorum in den letzten Jahren auch Gletschervorstöße gab. Inzwischen ist dieses ungewöhnliche Verhalten als «Karakorum-Anomalie» bekannt. Diese als Reaktionen auf klimatische Veränderungen zu erklären, ist derzeit fast unmöglich, weil fast alle Klimamessstationen viel zu weit entfernt sind. Wir wissen nicht, ob in der Region mehr Schnee gefallen ist, die Temperaturen gesunken sind oder die Sonneneinstrahlung infolge stärkerer Bewölkung abgenommen hat. Klar scheint lediglich, dass die extremen Höhenunterschiede des Geländes eine wichtige Rolle spielen. Die Firnbecken der großen Talgletscher des Karakorum sind eigentlich viel zu klein, um die langen Zungen zu nähren. Die Eisbildung erfolgt zu einem wesentlichen Teil durch Lawinenniedergänge aus den sehr hohen und steilen Bergflanken. Der Massentransport aus hohen in tiefe Lagen ist deshalb viel schneller als bei «normalen» Gletschern. Zudem schützen mächtige Schuttbedeckungen viele Gletscherzungen vor der Sonneneinstrahlung und verzögern ihre Reaktion auf klimatische Veränderungen. Noch komplizierter wird es dadurch, dass mehrere Gletscher dieser Region gelegentlich Surge-Phasen durchmachen. Während diesen stoßen sie schnell vor, doch hat dies nicht direkt etwas mit Klimaveränderungen zu tun. Bei solchen Ereignissen werden in Seitentälern oft Gletscherseen aufgestaut, die ausbrechen und Hochwasser verursachen können.

Eine Besonderheit der Talgletscher sowohl im Karakorum als auch im Himalaja sind spektakuläre Kegel aus sehr hellem Gletschereis, die im Ablationsgebiet vorkommen. Sie erreichen Höhen von über dreißig Metern und sehen besonders eindrücklich aus, wenn die Gletscheroberfläche um sie herum von Moränen bedeckt ist. Auf Englisch werden sie als «ice ships» (Eisschiffe) bezeichnet. Sie entstehen, wenn aus großer Höhe stammendes Eis viele Luftblasen enthält und dadurch besonders hell ist und die Sonnenstrahlung fast vollständig reflektiert. Sie widerstehen der Ablation besser, als dunkleres oder von Gesteinsstaub verfärbtes Gletschereis und werden in Bezug auf die restliche Gletscheroberfläche deshalb immer höher. Sie kommen in kleiner Ausbildungsform auch in den gemäßigten Breiten vor, doch begünstigt die hohe Intensität und der steile Einfallswinkel der Sonnenstrahlung in niedrigen geografischen Breiten ihr Wachstum.

Satellitengestützte Vermessung (GPS) auf dem Ghulkin-Gletscher im oberen Hunza-Tal des Karakorum; im Hintergrund Shispare (7611 m).

Bis dreißig Meter hohe Eisnadeln auf dem Baltoro-Gletscher im Karakorum. Im Hintergrund erhebt sich die Gascherbrum-Gruppe.

Kontroversen und Konflikte

Anders als im Karakorum schwindet die überwiegende Zahl der Gletscher im Himalaja. Um ihren Rückgang entbrannte in den letzten Jahren eine unschöne Kontroverse: Vor dem Hintergrund der aktuellen Klimaerwärmung veröffentlichte der «International Panel of Climate Change» (IPCC; zwischenstaatlicher Ausschuss für Klimaänderungen oder «Weltklimarat») 2007 einen Bericht zum Weltklima und dessen Veränderungen. Angesichts der Komplexität der Materie war es fast unvermeidlich, dass sich der eine oder andere Fehler einschlich. Leider hatte eine einzige, an die falsche Stelle verschobene Null verheerende Auswirkungen. So war zu lesen, dass die Himalaja-Gletscher bis ins Jahr 2035 vollständig abschmelzen würden. Jeder Glaziologe hätte diese Behauptung sofort als unsinnig erkannt. Unglücklicherweise war aber keiner beauftragt worden, den Text zu kontrollieren. Obwohl die Jahreszahl ganz offensichtlich

12

Alpen

Vorhergehende Doppelseite: Im stagnierenden Eis der Zunge des Morteratschgletschers entstanden vorübergehend riesige Eiskavernen, durch die der Gletscherbach floss.

Grosser Aletschgletscher mit seinen charakteristischen Mittelmoränen; Panoramabild vom Eggishorn aus.

Zu Beginn des 19. Jahrhunderts wusste man noch nicht, wie Gletschereis entsteht. Spalten im Eisfall des Ischmeer, Grindelwald.

Forschung auf dem Gletscher selbst war Anfang des 18. Jahrhunderts noch etwas Außergewöhnliches. Man wusste noch nicht, wie die Eismassen überhaupt entstehen. Der Naturforscher Franz Joseph Hugi (1792–1855) unternahm als erster mehrwöchige Studien auf dem Eis. Er schreckte auch nicht davor zurück, dies – unterstützt durch einheimische Führer und Träger – mitten im strengsten Winter zu tun. Hugi vermutete, dass sich Gletschereis durch einen Ausscheidungsprozess von Luftfeuchtigkeit aus der Atmosphäre bilde. Er führte auf dem Unteren Grindelwaldgletscher deshalb unter schwierigsten Bedingungen meteorologische Messungen durch. Hugi, und später auch Louis Agassiz (1807–1873, vgl. Themenkasten S. 68–71), führten außerdem größere Forschungsprojekte auf der mächtigen Zunge des Unteraargletschers durch. Sie campierten auf der Mittelmoräne und bauten mit Steinplatten ziemlich enge, aber immerhin vor ärgstem Wind und Wetter schützende Hütten. Agassiz bemerkte, dass sich seine spartanische Unterkunft im Lauf der Jahre gletscherabwärts verschob. Mit Stangen, die im Eis verankert wurden, bestimmte er die Fließgeschwindigkeit. Von seinen Gehilfen gesichert, ließ er sich sogar an einem langen Strick in Gletscherspalten abseilen und bestimmte die Dicke des Eises mit erstaunlicher Genauigkeit. Im Vergleich zu heute waren Kleidung und Ausrüstung dieser Pioniere der Gletscherforschung geradezu primitiv. Sie machten dies mit bewundernswerter Ausdauer und großer körperlicher Fitness wett. Mit der Zeit ergab sich durch ihre Forschungsarbeiten und diejenigen ihrer Nachfolger das moderne Bild des Gletschers, der sich durch Firnakkumulation «ernährt», durch interne Deformation des Eises und Gleiten am Felsbett talwärts fließt und je nach klimatischen Bedingungen manchmal vorstößt oder schwindet.

Weil sich Felsblöcke nach und nach verschoben, entdeckten Gletscherforscher die Fließbewegung des Eises. Gletschertisch auf dem Oberaletschgletscher.

Ein kleiner Gletscherabbruch lässt erahnen, wie große Eislawinen die Bergbevölkerung früher erschreckt haben müssen. Hier brechen «nur» einige Hundert Kubikmeter Eis am Unteren Grindelwaldgletscher ab.

In der damals revolutionären Technik der Höhenliniendarstellung gefertigte Karte des Rhonegletschers um 1874. Rot eigetragen sind Bewegungen von Messstangen auf dem Eis.

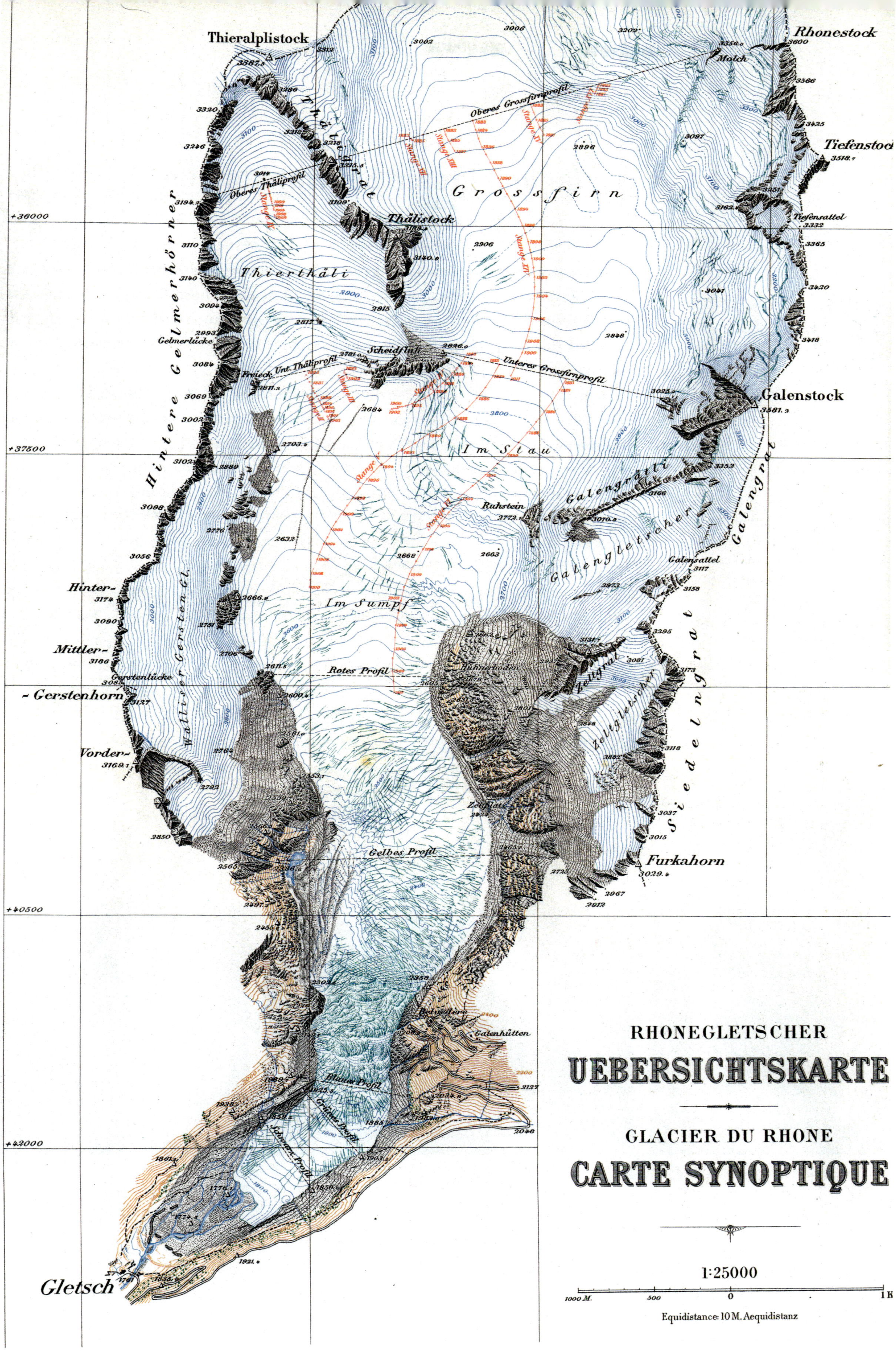
RHONEGLETSCHER
UEBERSICHTSKARTE
GLACIER DU RHONE
CARTE SYNOPTIQUE
1:25000
1000 M. 500 0 1 K
Equidistance: 10 M. Aequidistanz
Thieralplistock
Rhonestock
Tiefenstock
Tiefensattel
Galenstock
Thälistock
Thältigrat
Grossfirn
Thierthäli
Scheidflu
Oberes Grossfirnprofil
Oberes Thäliprofil
Unteres Grossfirnprofil
Freieck Unt. Thäliprofil
Im Stau
Im Sumpf
Hintere Gelmerhörner
Gelmerlücke
Galengrätti
Galengletscher
Galengrat
Galensattel
Ruhstein
Hinter-
Mittler-
Gerstenlücke
Gerstenhorn
Vorder-
Walliser Gersten Gl.
Rotes Profil
Hühnerboden
Zeltgrat
Zeltgletscher
Siedelngrat
Gelbes Profil
Furkahorn
Galenhütten
Blaues Profil
Gletsch
+36000
+37500
+40500
+42000

Im neuen See vor der Stirn des Rhonegletschers schwimmen tafelförmige Eisberge (August 2012). Einige sind so groß, das sie für das Abschmelzen mehrere Jahre brauchen. Oberhalb der Bildmitte ist die helle Abdeckung als Ablationsschutz über der künstlichen Eisgrotte zu erkennen.

Neue Seen – neue Gefahren

Am Unteren Grindelwaldgletscher entstand 2006 ein weiteres Problem, nachdem von der Ostflanke des Eigers Felsstürze auf den verbleibenden Rest der Gletscherzunge niederzustürzen begannen. Felstrümmer und Eis stauten einen See auf, dessen Volumeninhalt rasch bis auf über zwei Millionen Kubikmeter anwuchs. Er brach in der Folge mehrmals aus, zum Glück ohne nennenswerte Schadenfolgen. Pressemeldungen über Bergstürze und Gletscherhochwasser sind dem Fremdenverkehr abträglich, zumal die Berichte oft ein übertriebenes und verzerrtes Bild der Sicherheitslage vermitteln. Jedenfalls sah sich die Gemeinde Grindelwald zum Bau eines zwei Kilometer langen Ablaufstollens veranlasst. Die Bauarbeiten kamen gut voran und konnten 2010 abgeschlossen werden.

Durch Gletscherschwund eisfrei gewordene Zonen sind oft nicht nur gefährlich, sondern auch unansehnlich, zumindest so lange, bis sie von **Pionierpflanzen** kolonisiert werden. Einen gewissen Kontrapunkt in der wüstenartigen Schlamm- und Schuttlandschaft schaffen neue, proglaziale Seen, so sie nicht zwangsentleert werden müssen. Seit 2007 entsteht ein solcher vor der Stirn des Rhonegletschers. Vielleicht werden dort in Zukunft Touristen mit Booten fahren, statt wie bisher durch die künstlich angelegte Eisgrotte zu wandern. Vorderhand wird diese noch behelfsmäßig mit sogenanntem **Gletschervlies** abgedeckt, um die rasante Ablation zu bremsen. Bereits gibt es Studien, die mittels Kartierung des Gletscherbetts unter den noch bestehenden Zungen voraussagen, wo sich weitere neue Seen bilden werden. Interessant ist in diesem Zusammenhang die politische Frage, wem die neuen Gewässer gehören und wem die entsprechenden Nutzungsrechte zustehen.

Oben links: Nach dem Abbruch von einer Ufermoräne stürzt ein besonders großer Felsblock in den neuen See beim Unteren Grindelwaldgletscher.

Oben rechts: Kleiner Rest des künstlich entleerten neuen Gletschersees oberhalb von Grindelwald. Unten erinnern rechteckige Grundrisse an eine Berghütte, die nach Abbrüchen der Ufermoräne aufgegeben werden musste.

Unten: Pionierpflanzen wie dieser Hauswurz besiedeln den Felsschutt als erste. Pflanzenreste bilden ersten Humus, der später folgenden, anspruchsvolleren Pflanzengesellschaften als Lebensgrundlage dienen wird.

Noch im Spätmittelalter empfand der Mensch Furcht und Schrecken vor dem lebensfeindlichen Hochgebirge. Den Gletschern näherte er sich nur unter dem Zwang der Notwendigkeit, zum Beispiel auf der Jagd, beim Viehtrieb oder auf Handelsrouten über hohe Pässe. Seit dem 18. Jahrhundert tauchen Gletscher in Malerei und Literatur auf und werden romantisiert, so von Albrecht von Haller oder Johann Wolfgang von Goethe. Mit dem Aufkommen des Alpinismus werden sie zum Tummelplatz für Bergsteiger und Touristen. Heute sind sie uns Mahnmal für den vom Menschen in seinem Drang nach Komfort, Mobilität und Hunger nach fossilen Energieträgern verursachten Klimawandel. Ihr Rückgang führt uns wie kein anderes Naturphänomen vor Augen, wie bedenklich schnell wir unsere Umwelt verändern. Viele Gletscher werden in den nächsten Jahrzehnten verschwinden und mit ihnen eines der schönsten Naturwunder der Erde.

Ein Schmelzwassersee und mächtige Granitblöcke bilden zusammen mit dem blendend weißen Eis der Zunge des Gornergletschers eine unwirklich anmutende Landschaft. Im Hintergrund Monte Rosa (ganz links), Liskamm, Breithorn, Matterhorn (mit Wolkenfahne) und das Riffelhorn (ganz rechts).

Sachregister

Dieses Buch wird begleitet vom Fotoglossar auf der Website «Glaciers on line»: http://www.glaciers-online.net/glossary/index-de.html